시간이 완성하는 맛, 숙성회의 모든 것

# 생선 숙성의 기술

시간이 완성하는 맛, 숙성회의 모든 것

# 생선 숙성의 기술

글·김상돈

GREENCOOK

## 이 책이 당신의 생선을 변화시킬 것입니다.

나는 평범한 회사원이었다. 사람들은 사회에 나오면 마치 정해진 길이 있는 것처럼 같은 방향으로 걸어간다. 나 역시 그 흐름을 의심하지 않았다. 「좋은 대학, 안정된 직장, 결혼, 그리고 가족」, 그것이 곧 성공이라고 믿었다.

그러던 어느날 갑작스러운 교통사고가 내 삶을 완전히 바꾸어 놓았다. 오른쪽 골반이 으스러지고, 갈비뼈가 부러졌으며, 목의 2번 경추에 금이 갔다. 의사는 하반신 마비 가능성까지 이야기했다. 움직일 수 없는 몸으로 긴 병원 생활을 시작하며, 나는 처음으로 오롯이 나 자신과 마주하게 되었다. 그리고 스스로에게 물었다.

"나는 내가 원하는 삶을 살고 있는가?"

그 질문에 답할 수 없었다. 대신 나를 진지하게 돌아보고 다짐했다. 이제는 내가 정말로 하고 싶은 일, 해야 하는 일을 찾겠다고.

재활을 마치고 다시 회사로 돌아갔지만 삶은 이전과 달라지지 않았다. 바쁜 일상 속에서도 공허함은 계속 남아 있었다. 그러던 어느 날, 퇴근 후 들린 일식집에서 본 한 장면이 나를 다시 흔들었다. 하얀 조리복을 입은 요리사가 긴 칼로 생선을 다루고 있었는데, 그 순간 설명하기 어려운 감정이 밀려왔다.

"나도 저 일을 하고 싶다."

결국 나는 회사를 그만두고, 일식당 주방의 막내로 새로운 길에 들어섰다.

하지만 현실의 주방은 내가 상상했던 모습과는 전혀 달랐다. 화려함 대신 고된 노동이 이어졌고, 나는 그저 무대 뒤편의 한 사람에 불과했다. 그때 나는 다짐했다. 이곳에서 살아남기 위해 반드시 실력을 쌓아야 한다고, 그리고 반드시 주인공이 되겠다고.

시간이 흐르면서 주방에 적응해 갔고, 마침내 생선을 직접 다루는 날이 찾아왔다. 처음 생선을 잡던 순간의 감각은 지금도 선명하다. 손끝으로 전해지던 마지막 움직임은 낯설고도 묵직했다. 그때 나는 마음속으로 되뇌었다.

"이렇게 좋은 생선을 주셔서 감사합니다."

그 순간을 시작으로, 나는 비로소 생선을 다루는 사람이 되었다.

그러나 생선을 다루는 일은 단순히 손질하는 것에서 끝나지 않았다. 더 좋은 맛을 내기 위해 자연스럽게 숙성에 관심을 갖게 되었다. 하지만 생선은 생각보다 훨씬 섬세한 존재였다. 온도와 습도, 개체의 상태에 따라 결과는 크게 달라졌고, 아무런 지식 없이 시작한 숙성은 곧 실패로 이어졌다. 생선은 물러지고 부패했다. 그때 깨달았다. 내가 하고 있던 것은 숙성이 아니라 단순한 보관에 불과하다는 것을.

자료를 찾아도 명확한 답은 없었다. 결국 나는 스스로 길을 찾기로 했다. 그렇게 시작한 것이 「숙성 노트」였다. 시간에 따라 변하는 생선의 상태를 관찰하고 기록하며, 물, 소금, 온도, 숙성 방법 차이에 따른 변화를 하나씩 비교했다. 이 기록은 나의 기준이 되었고, 숙성의 원리를 이해하는 출발점이 되었다.

더 깊이 이해하기 위해 과학을 공부하기 시작했다. 처음 접하는 생화학과 수산과학의 개념들은 쉽지 않았지만, 반복해서 읽고 적용하는 과정을 거치며 놀라운 경험을 했다. 책 속의 이론이 현장의 변화와 연결되기 시작한 것이다. 그리고 생각했다. 이 내용을 더 쉽게 풀어낼 수 있다면, 생선을 공부하는 사람들에게 큰 도움이 되겠다는 것을. 그렇게 이 책은 시작되었다.

이 책은 특정 레시피를 알려주기 위한 책이 아니다. 생선이 죽은 뒤 시간의 흐름 속에서 어떤 변화를 겪는지, 그 과정을 이해하도록 돕는 책이다. 숙성은 단순한 기다림이 아니라, 시간을 다루는 기술이다. 온도와 습도, 환경을 조절하며 원하는 결과를 만들어내는 일이다.

우리는 오랫동안 생선회의 가치를 「쫄깃한 식감」에만 두어 왔다. 그러나 생선의 맛은 식감만으로 완성되지 않는다. 시간은 생선의 맛과 향을 끌어내고, 부드러움과 감칠맛을 더해준다. 신선함이 활어회의 매력이라면, 숙성회의 매력은 시간이 만들어내는 부드러운 식감과 깊은 감칠맛에 있다.

중요한 것은 방식이 아니라 이해다. 원리를 이해하면 어떤 생선이든 다룰 수 있고, 같은 결과를 재현할 수 있다. 눈으로 보고, 손으로 느끼며, 감각으로 익힌 경험은 온전히 자신의 것이 된다.

이 책은 그 과정을 안내하는 기록이자, 하나의 기준이다. 시간을 붙잡고, 조절하며, 때로는 놓아주는 방법을 통해 당신이 원하는 맛에 다가갈 수 있도록 도울 것이다.

시간이 완성하는 맛, 숙성회의 모든 것.
이 한 권에 그 여정을 담았다.

김상돈

# CONTENTS

**PART**
# 5
## 숙성회 요리

# 2부

**※ 일러두기**
- 이 책은 두 부분으로 구성되어 있다. 〈1부(PART 1~5)〉에서는 생선 숙성과 직접적으로 관련된 내용을, 〈2부(PART 6~8)〉에서는 숙성 과정은 물론 생선을 다룰 때 반드시 알아야 할 기본 지식을 다룬다.
- 〈1부(PART 1~5)〉에 나오는 생선의 손질 방법은 〈PART 7 생선 손질〉을 참조한다.
- 〈PART 5 숙성회 요리〉에 사용된 생선 중 고등어, 연어, 참다랑어를 제외한 생선은 모두 이케지메 및 신케지메 처리를 거친 것이다.
- 이 책의 내용은 과학적 이론을 바탕으로 하였으며, 일부는 저자의 현장 경험과 반복적인 실험을 통해 정리하였다.

**※ 참고 도서 및 사이트**
스트라이어 핵심 생화학(Stryer Biochemistry, A short course)
두산백과 두피디아(https://www.doopedia.co.kr)
국립수산과학원(https://www.nifs.go.kr)
코리아 사이언스(https://koreascience.kr)
구글 학술 검색(https://scholar.google.com)

# 핵심 용어 정리

## ADP[Adenosine Diphosphate, 아데노신이인산]
- ATP에서 인산기 1개가 떨어진 형태로, 에너지를 1번 사용한 상태의 분자.
- 생선이 살아 있을 때는 다시 ATP로 충전될 수 있지만, 죽은 뒤에는 충전되지 않고 AMP로 변한다.
- 숙성 과정에서 일어나는 ATP 분해의 중간 단계이다.

## AMP[Adenosine Monophosphate, 아데노신일인산]
- ADP에서 인산기가 1개 더 떨어진 형태로, 에너지가 거의 소모된 상태의 분자.
- ATP → ADP → AMP 순서로 에너지가 줄어든다.
- 생선이 죽은 뒤에는 IMP로 전환되어 감칠맛 성분을 형성한다.

## ATP[Adenosine Triphosphate, 아데노신삼인산]
- 세포 속에서 에너지를 저장하고 전달하는 역할을 하는 분자.
- 3개의 인산기 분자를 갖고 있으며, 인산기 1개가 떨어질 때마다 에너지가 방출된다.
- 생선이 살아 있을 때는 근육 수축, 호흡 등 생명 활동의 에너지원으로 사용되고, 죽으면 빠르게 분해된다.
- 최종적으로 감칠맛 성분인 IMP로 전환된다.

## HX[Hypoxanthine, 하이포잔틴]
- INO가 분해되어 생성되는 최종 부산물.
- 강한 쓴맛과 비린내를 유발하며, 신선도의 지표로 사용된다.
- HX가 많다는 것은 숙성이 지나쳐 감칠맛이 사라지고 부패가 시작된 상태를 의미한다.

## IMP[Inosine Monophosphate, 이노신산]
- AMP가 분해되며 생성되는 대표적인 감칠맛 성분.
- 생선이 죽은 뒤 사후경직이 풀릴 무렵 가장 많이 축적된다.
- 숙성회 특유의 감칠맛과 단맛, 깊은 풍미를 결정짓는 핵심 물질이다.
- 글루탐산(Glutamic acid)과 함께 작용할 때 시너지 효과를 일으켜 맛이 한층 강화된다.

## INO[Inosine, 이노신]
- IMP가 분해되며 생성되는 2차 물질.
- 초기에는 거의 무(無)맛에 가깝다.
- 숙성 기간이 길어질수록 IMP 감소로 감칠맛이 줄고 INO가 증가하므로, INO 단계부터는 품질이 갈수록 저하된다.

## pH[수소이온농도지수]
- 산성과 알칼리성의 정도를 나타내는 값.
- pH7은 중성이고, 7보다 낮으면 산성, 높으면 염기성(알칼리성)이다.
- 생선이 죽으면 젖산이 축적되어 pH가 내려가고 사후경직이 빨리 나타난다.
- pH가 적당히 내려가면 생선의 식감이 좋아지지만, 지나치게 내려가면 품질이 저하된다.

## 갈변[Browning]
- 지방 산화나 효소 작용으로 살이 갈색으로 변하는 현상.
- 산패와 함께 나타나는 신선도 저하의 지표이다.

## 건식 숙성 [Dry Aging]

- 생선을 공기 중에 노출시켜 표면의 수분을 증발시키며 숙성하는 방식.
- 수분이 많은 어종의 수분 조절에 효과적이나, 시간 관리에 실패하면 지나치게 건조될 수 있다.
- 숙성을 통해 맛이 농축되고 특유의 향이 나타난다.

## 드립 [Drip]

- 숙성 과정 중 살에서 빠져나오는 수분과 용해 성분.
- 적당한 드립은 숙성의 자연스러운 현상이지만, 지나치면 살이 퍽퍽해지고 풍미가 줄어든다.

## 등푸른생선 [Blue-backed fish]

- 형태·생태적 분류. 고등어, 전갱이, 정어리, 청어, 꽁치, 방어 등이 있다.
- 등이 회청색~청록색을 띠고 배가 은백색으로 빛나는 어류로, 대부분 회유성이다.
- 장거리 유영을 하기 때문에 미오글로빈이 많아 붉은살이 발달되어 있다.
- 지방 함량이 높아 감칠맛이 풍부하지만, 공기와 접촉하면 산패가 빠르게 진행된다.
- 숙성 및 보관 과정에서 철저히 관리해야 신선도를 유지하고 산패를 막을 수 있다

## 백색근 [White Muscle]

- 주로 단거리 도약이나 순간적인 움직임에 사용되는 근육.
- 미오글로빈 함량이 낮아 색깔이 희며, 주요 에너지원은 당(글리코겐)이다.
- 광어, 도미 같은 흰살생선에 많다.
- 숙성 시 산화 및 산패가 늦고 담백한 맛이 특징이다.

## 부패 [Putrefaction]

- 세균 증식과 단백질 분해로 인해 발생하는 부정적 변화.
- 숙성의 한계를 넘어선 상태.

## 붉은살생선 [Red Fish]

- 참치, 방어 등과 같이 미오글로빈과 지아이(혈합육)가 많아 근육이 붉은색을 띠는 어류.
- 풍미가 강하지만 지방 함량이 높아 산패와 부패가 빠르게 진행된다.
- 숙성 및 보관 과정에서 세심한 관리가 필요하다.

## 빙장 숙성 [Ice Slurry Aging]

- 얼음을 넣은 소금물 속에 생선을 담가서 진행하는 숙성 방식.
- 일반 냉장보다 더 낮은 온도(-1~-2℃)를 유지하여 사후경직과 숙성 속도를 늦춘다.
- 부패를 지연시키고, 다양한 맛과 식감을 완성할 수 있다.

## 사후경직 [Rigor Mortis]

- 생선이 죽은 뒤 ATP가 고갈되면서 근육이 단단하게 굳는 현상.
- 숙성 과정의 출발점이 되는 중요한 단계.
- 사후경직이 끝나면 본격적으로 숙성이 시작된다.

## 산패 [Rancidity]

- 생선 속 지방이 공기나 효소와 반응하여 맛과 냄새가 변질되는 현상.
- 특히 붉은살생선에서 빠르게 진행되며, 품질 저하의 주요 원인이다.

## 산화 [Oxidation]

- 생선 속 지방과 단백질 성분 등이 산소와 반응하면서 색과 맛이 변하는 현상.
- 산화가 진행되면 갈변과 산패로 이어지며 신선도가 떨어진다.

## 생선 숙성 [Fish Aging]

- 생선을 일정한 조건에 두고, 효소와 화학적 변화를 통해 맛과 식감을 향상시키는 과정.

## 선어회

- 어획 과정에서 또는 어획 후 죽은 생선을 손질하여 만든 회.
- 숙성 여부와 관리 상태가 품질을 결정한다.

## 숙성회

- 일정 시간 숙성하여 감칠맛과 부드러움을 끌어낸 회.
- 숙성 과정에서 근육 단백질이 분해되고, IMP 생성으로 감칠맛이 살아난다.

## 습식 숙성 [Wet Aging]

- 생선의 수분을 유지한 채 숙성하는 방식.
- 주로 진공 포장 상태로 냉장고나 얼음물 속에서 진행한다.
- 수분 손실이 적어 살이 촉촉하게 유지된다.

## 스콤브로이드 중독 [Scombroid poisoning]

- 고등어과(Scombridae) 어종에서 주로 발생한다고 해서 붙여진 이름.
- 생선 속 히스티딘이 분해되어 생성된 히스타민을 다량 섭취했을 때 일어나는 식중독이다.
- 섭취 후 수 분 ~ 수십 분 내에 증상이 발생한다(얼굴 홍조, 두통, 두근거림, 발진, 구토, 설사, 어지럼증 등).

## 신케지메 [神経締め]

- 살아 있는 생선의 척수(신경)를 철사로 파괴하여 사후경직을 지연시키는 방법.
- 신경 자극에 의한 불필요한 근육 반사와 ATP 소모를 억제한다.
- 살의 신선도가 오래 유지되고 숙성 가능한 시간이 늘어난다.
- 쓰모토식 생선 손질법에서는 물을 이용하여 신경을 완전히 제거하는 것을 신케지메라고 한다.

## 쓰모토 [津本]식 생선 손질법

- 일본의 쓰모토 미쓰히로가 고안한 정밀한 피빼기 및 보관 기술.
- 혈관에 직접 물을 주입하여 짧은 시간 안에 효율적으로 혈액을 제거하는 방법이다.
- 세균 번식과 산패를 늦추어 숙성 시간을 연장할 수 있다.

## 액틴 [Actin]·미오신 [Myosin]

- 근육을 구성하는 주요 단백질로, 수축과 이완을 담당한다.
- 생선이 살아 있을 때는 ATP가 액틴과 미오신의 결합을 풀어주어 근육이 수축·이완할 수 있다.
- 죽어서 ATP가 고갈되면, 액틴과 미오신의 결합이 유지되어 근육이 굳는다.
- 시간이 지나 이 결합이 풀리면, 살이 연화되면서 숙성이 진행된다.

## 연도 [Tenderness]

- 씹을 때 입안에서 느껴지는 부드러움의 정도.
- 연화 현상의 결과를 나타내며, 숙성 품질을 평가하는 핵심 지표 중 하나이다.
- 숙성 시간 등을 조절하여 가장 이상적인 연도를 만드는 것이 중요하다.

## 연화 [Tenderization]
- 사후 변화에서 근육 단백질이 분해되며 살이 점점 부드러워지는 현상.
- 숙성 과정에서 자연스럽게 일어나며, 숙성회 특유의 식감을 만든다.
- 연화가 지나치면 살이 무너지고 품질이 저하될 수 있다.

## 오로시 [卸し]
- 생선을 해체하는 손질 과정.
- 내장과 뼈 등을 제거하고 숙성을 준비하는 과정이다.
- 숙성 전 단계에서 위생과 품질 유지를 좌우하는 핵심 작업이다.

## 이케지메 [活け締め]
- 살아 있는 생선의 뇌를 송곳으로 찌르거나 칼로 목을 잘라서 단시간에 죽이는 방법.
- 고통과 스트레스를 줄여 ATP 소모를 최소화한다.
- 사후경직이 지연되어 숙성 시간을 확보할 수 있다.

## 적색근 [Red Muscle]
- 주로 지속적인 장거리 유영에 사용되는 근육.
- 미오글로빈과 지방 함량이 높아 붉은빛을 띠며 풍미가 강하다.
- 참치, 고등어 등 붉은살생선에 발달되어 있다.
- 산화와 산패가 빠르게 진행되기 때문에 신선도 관리가 중요하다.

## 절단면 [Cut Surface]
- 생선을 손질할 때 드러나는 살의 노출 표면.
- 이 부분은 산소나 세균과 직접 접촉하기 때문에 산패와 부패가 빠르게 진행된다.

## 점액 [Mucus]
- 생선 표면의 끈적한 보호층.
- 신선도의 지표가 된다.
- 위생을 위해 숙성 전 세척하여 제거한다.

## 중간근 [Intermediate Muscle]
- 백색근과 적색근의 성질을 함께 가진 근육.
- 방어, 전갱이, 삼치 등 일부 어종에서 볼 수 있다.
- 숙성하면 백색근과 적색근이 혼합된 풍미와 식감을 경험할 수 있다.

## 지누키 [血抜き]
- 생선을 죽인 뒤 피를 제거하는 과정.
- 피를 배출함으로써 피에 포함된 효소와 세균에 의한 부패와 산패 진행을 늦출 수 있다.
- 육질의 신선도를 높이고 숙성 시간을 연장할 수 있다.

## 트리밍 [Trimming]
- 생선 손질 과정에서 필요 없는 부분을 제거하고 먹기 좋은 형태로 다듬는 작업.
- 단순한 모양 정리를 넘어 위생 관리, 맛 개선, 숙성 안정성 확보에 중요한 역할을 한다.

## 혈합육 [지아이]

- 등뼈 주위에 분포하는 검붉은 살.
- 철분과 미오글로빈 함량이 높아 산화와 산패가 빠르게 진행된다.
- 시간이 지날수록 특유의 비린내가 강해지므로 철저히 관리해야 한다.

## 혐기성 잡내 [Anaerobic Off-Flavor]

- 주로 진공 포장 숙성 과정에서 내부에 수분이 고이면서 발생하는 냄새.
- 산소가 없는 환경에서 드립이 고이면 세균이 증식하여 특유의 불쾌한 냄새를 만든다.
- 빠른 부패로 이어지는 신호이므로, 철저한 수분 관리가 필요하다.

## 혼합 숙성 [Mixed Aging]

- 건식과 습식 숙성을 병행하는 방법.
- 2가지 방법의 장점을 조합하여 수분 손실은 줄이고, 동시에 맛의 농축과 향의 발현을 유도한다.
- 결과적으로 균형 잡힌 숙성 효과를 얻을 수 있다.

## 활어회

- 살아 있는 생선을 즉시 손질하여 만든 회.
- 신선한 식감을 중시한다.

## 흰살생선 [White Fish]

- 광어, 도미 등 미오글로빈 함량이 낮은 근육을 가진 어류.
- 근육 색깔이 희고 맛이 담백하다.
- 숙성 시 변화가 빠르게 나타나며, 비교적 짧은 시간 안에 감칠맛이 증가한다.

## 히스티딘 [Histidine]

- 단백질을 구성하는 필수 아미노산의 하나.
- 특히 참치, 고등어 등 붉은살생선의 근육과 혈합육(지아이)에 많이 분포한다.
- 숙성 과정에서 세균이나 효소 작용에 의해 히스타민으로 분해될 수 있다.
- 풍미 형성에는 직접 관여하지 않지만, 식중독 위험과 안전성 관리 측면에서 중요한 성분이다.

## 히스타민 [Histamine]

- 생선의 근육 속 히스티딘이 분해되며 생성되는 물질.
- 일정 농도를 넘으면 식중독(스콤브로이드 중독)을 일으킬 수 있다.
- 특히 고등어, 참치 등 붉은살생선에서 많이 발생하므로 주의가 필요하다.
- 히스타민은 무색·무취한 성분이어서 쉽게 감지할 수 없기 때문에 주의가 필요하다.
- 가열해도 파괴되지 않으므로, 철저한 저온 관리와 위생 관리가 예방의 핵심이다.

## 히카리모노 [光り物]

- 피부에 은색 비늘이 있어 반짝이는 생선류를 의미하는 일식 용어.
- 고등어, 전갱이, 정어리 등, 주로 등이 푸르고 배가 은색을 띠는 청어과·고등어과에 속하는 어류가 해당된다.
- 지방 함량이 높아 산패가 빠른 것이 특징이다.

이 책은 숙성회 요리를 위한

생선 숙성을 다루는 책입니다.

# 숙성의 이해

# 숙성은 레시피다

요리에는 반드시 레시피가 필요하다. 각 요리에는 고유의 레시피가 있으며, 그 안에는 요리사의 비법과 노하우가 숨어 있다. 생선회 역시 마찬가지다. 불을 사용하지 않고, 설탕·간장·고춧가루 같은 양념도 사용하지 않지만, 생선회에도 저마다 레시피가 존재한다.

생선회는 오직 칼 한 자루와 온도, 습도 같은 환경 조건만으로 완성되는 요리다. 그렇기에 요리사의 기술과 감각이 절대적인 역할을 한다. 같은 생선이라도 어떤 요리사가 다루는지에 따라 손질 방법, 숙성 과정, 회를 썰어내는 두께와 모양이 달라지고, 그 차이는 곧 맛의 차이로 이어진다.

생선 숙성은 시간과 환경에 따라 달라지는 생선의 상태를 조절하는 일이다. 그리고 그 조절 방법은 요리사마다 다르다. 같은 생선이라도 현재의 상태와 특징을 어떻게 이해하느냐에 따라 숙성 방법이 달라지기 때문이다. 결국 숙성에서는 요리사의 선택이 매우 중요하며, 각자가 선택한 숙성 방법은 곧 자신만의 「숙성 레시피」라고 할 수 있다.

누군가는 생선을 물로 씻고, 또 어떤 이는 소금을 활용하여 숙성하기도 한다. 사용하는 숙성용 페이퍼나 냉장고의 온도 또한 각각 다르다. 어떤 선택이 정답이라고 단정할 수는 없지만, 그 선택에 따라 숙성의 속도와 결과는 확연히 달라진다.

예를 들어, 빠른 숙성이 필요할 때는 비교적 높은 온도에서, 느리고 안정적인 숙성을 원할 때는 낮은 온도에서 숙성을 진행한다. 여기에 소금, 물, 숙성용 페이퍼의 조합을 더하면 숙성 시간을 더욱 세밀하게 조절할 수 있다. 이처럼 생선 숙성은 더 맛있고 완성도 높은 요리를 향해 나아가는, 하나의 레시피를 만들어 가는 과정이다.

숙성은 회뿐 아니라 구이나 국물 요리에서도 향과 감칠맛을 높이는 중요한 과정이다. 대표적인 예로 반건조 생선구이와 마른 멸치를 들 수 있다. 생선을 건조하면 살 속 수분이 줄어 단단해지고 맛과 향이 농축되며, 동시에 효소와 미생물 작용으로 이노신산(IMP) 등의 감칠맛 성분이 생성되어 풍미가 깊어진다. 이러한 과정을 활용한 숙성 방식을 건식 숙성이라고 하며, 온도, 습도, 바람 세기, 건조 시간 등 환경 조건에 따라 최종 맛과 질감이 크게 달라진다. 즉, 같은 생선이라도 누가, 어떻게 숙성시키느냐에 따라 전혀 다른 맛과 풍미를 경험할 수 있다.

한 점의 숙성회를 맛보는 것은 단순히 생선의 맛을 느끼는 일이 아니다. 숙성회 안에는 요리사가 쌓아온 경험과 시간이라는 재료를 다루는 기술이 담겨 있다. 결국 숙성을 통해 우리가 맛보는 것은 단순한 음식이 아니라, 한 명의 요리사가 만들어낸 고유한 「레시피」가 담긴 요리다.

# 생선을 숙성하면 맛이 더 좋아질까?

결론부터 말하면, 생선은 숙성을 하면 맛이 더 좋아진다.

「맛」이라는 것이 주관적인 개념이라 공감하지 못할 수도 있지만, 이는 과학적으로도 증명된 사실이다. 다만 그렇다고 해서 숙성하지 않은 활어회가 맛이 없다는 뜻은 아니다. 단지 활어회와 숙성회는 요리의 분류가 다르고, 사람마다 취향이 다른 것뿐이다.

- **활어회** : 생선 고유의 향보다는 탄력 있는 식감을 즐기는 요리.
- **숙성회** : 시간이 흐르며 형성된 부드러운 식감과 함께 생선 본연의 맛을 깊게 느낄 수 있는 요리.

이 차이를 만들어내는 핵심은 바로 숙성 과정에서 생성되는 IMP(이노신산)라는 물질이다. IMP는 생선 속 ATP(아데노신삼인산)가 분해되는 과정에서 자연스럽게 만들어지는 감칠맛 성분으로, 숙성을 통해 그 맛이 극대화된다.

감칠맛 성분에는 여러 종류가 있다. 많이 알려진 글루탐산(MSG의 주성분)뿐 아니라, IMP(이노신산)와 GMP(구아닐산) 역시 일상에서 쉽게 접할 수 있는 대표적인 감칠맛 성분이다.

- **글루탐산(Glutamic acid)** : 다시마, 조개류, 오징어류에 풍부하다.

- **이노신산**(Inosine Monophosphate) : 육류, 어류, 게, 새우, 멸치, 말린 오징어 등에 많다.
- **구아닐산**(Guanylic acid) : 말린 표고버섯에 풍부하다.

이 3가지 성분은 단독으로도 감칠맛을 내지만, 서로 상승효과를 일으키면 감칠맛이 훨씬 강해진다. 예를 들어, 다시마의 글루탐산과 생선의 이노신산이 만나면 감칠맛이 크게 증폭된다. 이것이 바로 일본 요리에서 많이 사용하는 다시마와 가쓰오부시로 만든 「다시[だし]」가 깊은 맛을 내는 원리다.

생선의 경우 숙성을 거치면서 이노신산이 증가하고, 이때 감칠맛이 가장 강해진다. 따라서 숙성이란 생선 속에 이노신산이 충분히 형성되도록, 시간을 두고 맛을 극대화하는 과정이라 할 수 있다. 시간이 지나면서 감칠맛은 더욱 깊고 풍부해지고, 그 결과 생선의 맛도 한층 좋아진다. 다시 말해, 숙성은 생선이 가진 맛을 최상의 상태로 만드는 시간의 기술이다.

# 맛있는 숙성을 위한 3가지 조건

생선을 숙성하는 것은 단순히 시간을 보내는 것이 아니다. 생선의 상태, 손질 방식, 그리고 요리사의 선택이 모두 어우러질 때 비로소 깊고 풍부한 맛이 완성된다. 여기서는 맛있는 숙성을 위해 반드시 갖춰야 할 3가지 조건에 대해 알아본다.

## 첫 번째 조건

생선을 맛있게 숙성하기 위한 첫 번째 조건은 좋은 생선을 사용하는 것이다. 당연한 이야기지만 가장 중요한 부분이다. 무엇보다 좋은 생선을 사용해야 맛있게 숙성할 수 있다.

좋은 생선을 강조하는 이유는 그만큼 절대적으로 중요하기 때문이다. 좋은 생선이란 크기가 크고, 건강하며, 제철을 맞아 지방이 충분히 오른 생선을 말한다. 좋은 생선으로 숙성한 결과와 그렇지 못한 생선으로 숙성한 결과는 애초에 비교조차 불가능하다.

그렇기 때문에 대한민국 최고의 호텔에서 오랜 세월 주방을 지켜온 일식 장인들도 항상 직접 수산시장을 찾는다. 생선을 눈으로 확인하고 고르기 위해서이다. 그만큼 원물이 중요하다. 더 정확히 말하면, 생선 요리에서 가장 중요한 것은 무엇보다도 원물 그 자체이다.

소고기에는 등급이 있다. 국산 한우인지, 미국산인지, 호주산인지에 따라 맛과 가격이 다르고, 같은 한우라고 해도 1++ 등급과 1+ 등급은 확연히 차이가 난다. 채소나 과일도 마찬가지다. 맛있는 채소와 과일이 있는가 하면, 맛이 덜한 채소와 과일도 있다. 생선 역시 같다.

생선은 공장에서 찍어내는 공산품이 아니기 때문에, 같은 고등어라도 동해안, 남해안, 서해안, 그리고 노르웨이산은 각각 맛이 다르다. 공식적으로 등급을 나누지는 않지만, 개체마다 차이가 분명하다.

좋은 생선을 구하면 다양한 방법으로 숙성할 수 있고 맛은 훨씬 더 깊어진다. 물론 좋은 생선은 가격이 비쌀 수밖에 없고 구하기가 쉽지 않다. 좋은 생선을 구하기 위해서는 생선을 보는 눈, 그리고 좋은 생선을 꾸준히 공급해주는 믿을 만한 거래처가 뒷받침되어야 한다.

생선은 살아 있는 생물이라는 것을 잊으면 안 된다. 원물의 건강 상태는 그대로 맛으로 이어진다. 건강하지 못한 생선은 아무리 정성껏 숙성해도 좋은 생선으로 둔갑할 수 없다.

결국, 생선을 맛있게 숙성하기 위한 첫 번째 조건은 좋은 생선을 구하는 것이다. 무조건 최선을 다해 좋은 생선을 구해야 한다.

## 두 번째 조건

생선을 맛있게 숙성하기 위한 두 번째 조건은 손질 방법의 선택이다. 어떻게 손질하든 마찬가지라고 생각한다면 큰 오산이다.

생선의 맛은 지방에 의해 크게 좌우된다. 식감도 중요하지만, 첫입에 느껴지는 맛의 핵심은 지방이다. 그런데 물에 씻으면 삼투압 현상으로 맛이 옅어질 뿐 아니라, 맛의 핵심인 지방까지 씻겨 나간다. 결과적으로 같은 생선이라도 물 사용 방식에 따라 맛이 달라진다.

또한, 물 사용은 숙성 과정에도 영향을 준다. 표면에 수분이 많아지면 미생물이 증식하기 쉬워지고, 그 결과 부패 속도가 빨라질 수 있다. 다만 위생을 고려하면 원물 상태에서는 반드시 물로 씻어야 한다. 그러나 해체(오로시)하여 뼈와 살을 분리한 이후에는 맛과 숙성을 위해 가능한 한 물에 씻지 않는 것이 좋다.

중요한 것은 씻느냐, 씻지 않느냐의 문제가 아니라 손질 단계와 요리 목적에 따라 적절한 방법을 선택하는 것이다. 예를 들어 활어회의 경우, 깨끗하게 손질했다면 물에 씻지 않고 먹는 것이 맛이 더 잘 살아난다.

# 세 번째 조건

마지막으로 세 번째 조건은 생선의 특성을 파악하는 것이다. 생선은 그 종류가 무수히 많다. 크게는 흰살생선과 붉은살생선으로 나눌 수 있지만, 그 안에는 셀 수 없이 많은 어종이 존재하며, 모든 생선은 각각 고유한 특성을 갖고 있다.

생선 전문 요리사라고 해도 모든 어종의 특성을 완벽히 알 수는 없다. 그러나 자주 다루는 생선의 기본적인 특성만큼은 반드시 알고 있어야 제대로 숙성할 수 있다.

예를 들어, 광어는 대표적인 흰살생선이다. 흰살생선은 대부분 수분이 많아 장기 숙성이 어렵지만, 광어는 예외적으로 수분에 강해서 장기 숙성도 가능하다. 또한 참돔의 경우 같은 흰살생선이지만 수분에 약해 살이 쉽게 풀어지기 때문에, 습식 숙성보다는 건식 숙성이 더 적합하다. 붉은살생선인 고등어는 수분이 많지 않아 흰살생선보다 숙성이 훨씬 수월하지만, 지방이 많아 산화로 인한 산패에 주의해야 한다.

이처럼 자신이 다루는 주요 어종의 특성을 이해하고 있어야, 올바른 숙성 방법을 선택할 수 있다. 어떤 생선에는 습식 숙성이 적합하고, 어떤 생선에는 건식 숙성이 적합하다. 사용하는 숙성용 페이퍼 또한 생선의 특성에 따라 달라진다. 어떤 어종은 해동지가 필요하지만, 어떤 어종은 해동지를 쓰지 않는 것이 더 나을 때도 있다. 이러한 선택은 모두 요리사의 몫이다.

숙성은 재료에 대한 이해에서 시작된다. 내가 다루는 생선의 특성을 제대로 파악하고 있어야, 숙성의 방향을 정하고 그에 맞는 방법을 선택할 수 있다.

# 활어회 · 숙성회 · 선어회

횟집에 가면 매장 앞 수조에서 살아 있는 생선이 헤엄치는 모습을 볼 수 있다. 회를 주문하면 그 자리에서 바로 생선을 건져 손질하여 회로 내는데, 이것이 바로 활어회다.

반면 숙성회는 살아 있는 생선을 죽이거나 이미 죽은 생선을 손질하여 일정 시간 숙성한 뒤 회로 내는 요리다. 숙성 과정에서 생선의 식감은 부드러워지고, 감칠맛은 한층 깊어진다.

그렇다면 선어회는 무엇일까? 선어란 바다에서 잡힌 뒤 이미 죽은 상태로 유통되는 생선을 말한다. 이 선어를 바로 손질해서 회로 내거나 적절히 숙성하여 제공하는 것이 선어회다.

즉, 활어회와 선어회는 생선이 살아 있는지 이미 죽은 상태인지에 따른 구분이고, 숙성회는 숙성 과정을 거쳤는지 여부에 따른 구분이다. 같은 어종이라도 생선의 상태와 숙성 여부에 따라 전혀 다른 맛과 식감을 만들어낼 수 있다.

**활어회**

사망 ▶ 요리 시작

: 살아 있는 생선을 죽여서 곧바로 회로 만든 요리.

**숙성회**

사망 ▶ 사후경직 시작 ▶ 사후경직 끝 ▶ 숙성 시작 ▶ 요리 시작

: 살아 있는 생선을 죽여서 숙성하거나 이미 죽은 생선을 숙성해서 회로 만든 요리.

**선어회**

사망(사망 시점 불확실) ▶ 이미 죽은 생선 구매 ▶ 요리 시작

: 어획 과정에서 또는 어획 후 죽은 생선을 회로 만든 요리.

**❶ 활어회**

– 살아 있는 생선을 죽여서 곧바로 회로 만든 요리.

**❷ 숙성회**

– (활어) 숙성회 : 살아 있는 생선을 죽여서 숙성시킨 뒤 회로 만든 요리.
– (선어) 숙성회 : 어획 과정에서 또는 어획 후 죽은 생선을 숙성시킨 뒤 회로 만든 요리.

**❸ 선어회**

– 어획 과정에서 또는 어획 후 죽은 생선을 회로 만든 요리.
– 자연스럽게 숙성이 진행되고 있는 상태.

　활어회를 제외하면 숙성회와 선어회는 모두 숙성 과정을 거친다는 점에서 크게 다르지 않다. 그러나 2가지 용어가 따로 존재하는 데에는 분명한 이유가 있다. 숙성회는 살아 있는 생선을 죽여서 손질한 뒤, 일정 시간 숙성하여 회로 만든 요리다. 반면 선어회는 이미 죽은 상태로 유통되는 생선을 그대로 사용한다. 넓은 의미에서 선어회는 숙성회의 한 형태라 할 수 있다. 그러나 모든 숙성회가 곧 선어회가 되는 것은 아니다.

　그렇다면 살아 있는 생선을 잡아서 숙성하는 것과, 이미 죽은 상태로 유통되는 생선을 숙성하는 것에는 어떤 차이가 있을까?

　그 차이는 바로 숙성을 시작하는 시점, 즉 출발점에 있다.

선어회는 이미 죽은 생선이기 때문에 사망 시점이 불확실하다. 따라서 생선의 현재 상태를 정확히 파악하기 어렵다. 물론 손질 과정에서 살의 질감이나 탄력을 확인하여 대략적으로 추정할 수는 있지만, 이는 많은 경험과 노하우가 뒷받침되어야 가능한 일이다. 결국 선어회는 요리사가 숙성의 출발점을 원하는 대로 정할 수 없고, 이는 곧 숙성 시간을 세밀하게 조절하기 어렵다는 한계로 이어진다.

반대로 살아 있는 생선은 요리사가 원하는 순간에 잡아서 숙성 과정을 의도적으로 설계할 수 있다. 따라서 숙성 과정을 자유롭게 조절할 수 있고, 목표하는 식감과 맛을 보다 정밀하게 구현하기에 유리하다.

여기서 아마 이런 궁금증이 생길 것이다.

"도대체 생선이 죽고 나서 시간이 얼마나 지나야 숙성회가 되는 걸까?"

활어회는 살아 있는 생선을 죽여서 곧바로 회로 만든 요리다. 그런데 만약 생선 1마리를 잡아서 1/2은 바로 회로 먹고 나머지 1/2은 냉장 보관해서 10시간 뒤에 먹는다면, 과연 이 생선은 여전히 활어회일까 아니면 숙성회일까?

바로 이 지점에서 활어회와 숙성회의 경계가 모호해진다. 어느 시점부터 활어회가 숙성회로 바뀌는지에 대한 명확한 기준은 존재할까? 다음에서 그 기준에 대해 살펴보자.

● **활어회·선어회·활어 숙성회**

| | 활어회 | 선어회 | 활어 숙성회 |
|---|---|---|---|
| **출발점** | 살아 있는 상태에서 바로 회로 사용 | 이미 죽은 상태로 유통, 사망 시점 불확실 | 원하는 시점에 잡아서 숙성 |
| **상태 파악** | 움직임과 반응으로 신선도 즉시 확인 가능 | 추정만 가능, 경험 필요 | 잡은 직후부터 상태 파악·관리 가능 |
| **숙성 시작** | 숙성 없음, 즉시 사용 | 숙성 과정 설계 불가 | 시작 시점 결정 가능 |
| **숙성 시간** | 숙성 없음 | 세밀한 조절 불가, 범위 좁음 | 세밀한 조절 가능, 범위 넓음 |
| **맛과 식감** | 신선하지만 단단하고, 감칠맛 부족 | 맛·식감 일정치 않음, 숙성 실패 가능 | 목표한 맛과 식감 구현 가능 |

# 활어회가 숙성회가 되는 시점

살아 있는 생선을 잡아서 일정 시간 두면 숙성이 진행된다. 문제는 활어회가 숙성회가 되는 시점이 언제인가 하는 것이다. 이 경계는 생각보다 모호하다.

현장에서는 직접 눈으로 확인하고, 손으로 만져보고, 맛을 보면 숙성 정도를 판단할 수 있다. 그러나 세포의 분해 정도나 단백질, 지방의 변화를 현미경으로 관찰하여 숙성 여부를 과학적으로 판별하는 것은 불가능하다. 결국 요리 현장에서 숙성은 수치보다 감각에 의존할 수 밖에 없는 영역이다.

그렇다면 애초에 「숙성(熟成)」이라는 단어는 무엇을 의미할까? 생선이 생명을 다한 뒤, 살이 서서히 풀리고 감칠맛이 올라오기 시작하는 그 변화를 우리는 「숙성」이라고 부른다. 이 숙성이 정확히 무엇을 의미하며, 그 과정은 어디서부터 시작되는 것인지, 궁금증을 풀기 위해 국어사전을 펼쳐보았다.

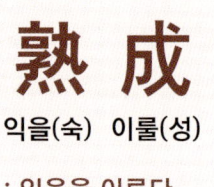

① 충분히 이루어짐.

② 효소나 미생물 작용에 의해 발효된 것이 잘 익음.

③ 적당한 온도와 조건에서 물질을 오랜 시간 방치하여 발효와 같은 화학 변화를 일으키게 하거나, 화학 반응이 끝난 반응 용액을 그대로 방치하여 생성된 콜로이드 입자의 크기를 조절하는 일.

이 중에서 중요한 단서는 ③번이다.

적당한 온도와 조건에서 물질을 오랜 시간 방치하여 발효와 같은 화학 변화를 일으키게 하는 것. 여기에 답이 있다.

생선이 죽고 나서 적당한 온도(2~3도)와 조건(냉장고)에서 물질(생선)을 오랜 시간 방치하여, 발효와 같은 화학적 변화를 일으키는 것이 숙성이라는 뜻이다.

그렇다면 생선에서 화학적 변화가 본격적으로 시작되는 순간은 언제일까?

바로 사후경직이 끝나는 시점이다.

생선이 죽으면 근육이 굳어서 뻣뻣해지는 사후경직이 시작되는데, 이는 생선을 포함하여 모든 동물이 공통적으로 거치는 과정이다. 사후경직이 끝나면 근육은 다시 풀리기 시작하고, 그 시점부터 IMP(이노신산)라 불리는 감칠맛 성분이 본격적으로 생성된다. 즉, 식감과 맛의 변화가 일어나는 바로 그 순간, 생선 내부에서 화학적 변화가 생기는 그 순간부터 생선은 「숙성」 단계로 접어드는 것이다.

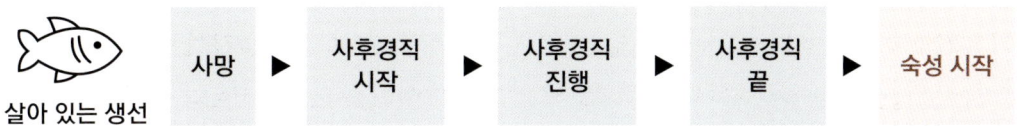

따라서 사후경직이 끝나는 순간, 바로 그때가 활어회가 숙성회가 되는 시점이다.

사후경직은 생선 숙성에서 가장 중요한 분기점이다. 사후경직이 늦게 나타나면 화학적 변화도 늦게 시작되어 숙성 속도가 느려지고, 반대로 사후경직이 빨리 나타나면 숙성도 그만큼 빠르게 진행된다. 그러나 사후경직이 빨리 나타날수록 부패 역시 더 일찍 시작된다. 근육 속 에너지가 급격히 소모되면서 조직 붕괴가 앞당겨지기 때문이다.

결국 숙성의 속도와 방향은 사후경직이 언제 시작되고, 얼마나 강하게 나타나며, 얼마나 오래 지속되는지에 따라 달라진다. 사후경직은 생선 숙성의 시작을 알리는 핵심이라 할 수 있다.

사후경직의 구체적인 메커니즘과 영향에 대해서는, 먼저 생선의 숙성 과정을 전체적으로 살펴본 뒤 다시 자세히 다루기로 한다.

## 찍어바리

생선회를 다루는 현장에서는 「찍어바리」라는 독특한 용어가 자주 등장한다.

찍어바리는 표준어도 방언도 아닌, 수산시장과 외식업 현장에서 편의적으로 사용하는 용어로, 살아 있는 활어를 수산시장에서 죽인 뒤 식당에 공급하는 것을 말한다. 활어는 살아 있는 상태의 생선을, 선어는 어획 과정에서 또는 어획 후 죽은 생선을 가리킨다. 찍어바리의 경우 활어에서 출발하지만, 매장에 도착할 때는 이미 사후경직과 숙성이 어느 정도 진행 중인 상태라는 점에서 선어와 유사하다. 이러한 특성 때문에 찍어바리는 수족관이 없는 식당이나 숙성을 목적으로 생선을 구입하는 업장에서 주로 선택된다.

활어는 생선을 죽이는 시점을 조절할 수 있어 숙성의 시작을 정확히 설정할 수 있다. 반면 선어는 사망 시점이 분명하지 않아 숙성 관리에 불확실성이 따른다. 찍어바리는 생선이 죽은 시점은 비교적 명확하지만 숙성의 시작을 직접 정할 수 없기 때문에, 숙성 관리 면에서는 활어와 선어의 중간 단계라 할 수 있다. 이미 숙성이 시작된 상태로 공급되기 때문에 활어보다 시간 관리가 어렵고, 품질을 안정적으로 유지하기 위해 세심한 관리가 필요하다.

결국 찍어바리는 숙성이 언제 시작되고 어떻게 진행되는지를 이해하고 관리하는 것과 깊은 관련이 있다. 숙성을 체계적으로 연구하고 싶다면 활어를 이용해 숙성 시작점부터 직접 관리하는 과정을 경험하는 것이 더 큰 도움이 된다. 그렇지만 찍어바리는 현장의 운영 환경과 목적에 따라 매우 현실적이고 유용한 선택지가 될 수 있다.

# 좋은 숙성과 나쁜 숙성

생선의 숙성은 단순히 시간을 흘려보내는 방치 과정이 아니다. 같은 시간이 경과하더라도 관리와 다루는 방식에 따라, 「좋은 숙성」이 될 수도 「나쁜 숙성」이 될 수도 있다. 즉, 숙성의 핵심은 시간이 아니라 시간을 어떻게 통제하느냐에 있다.

좋은 숙성이란 깨끗하게 손질된 생선을 낮은 온도에서 요리사의 의도에 따라 통제하고 관리하는 과정이다. 이는 단순한 방치가 아니라, 어종의 특징과 신선도, 개체의 상태를 고려하여 수분과 산소 등의 환경을 세밀하게 조절하며 진행된다. 이 과정에서 생선 근육 속 ATP가 IMP(이노신산)로 분해되어 감칠맛이 증가하고, 살은 쫄깃하면서도 부드러운 식감을 갖게 된다. 수분 조절과 위생 관리가 적절하게 이루어지면, 미생물 증식이 억제되고 생선 고유의 향과 맛이 안정적으로 유지된다.

반대로 나쁜 숙성은 요리사의 의도가 배제된 채 방치에 가까운 상태에서 진행된다. 어종의 차이를 고려하지 않고 동일한 방식만 적용하거나, 일관성 없는 방식으로 매번 결과가 달라지는 나쁜 숙성은, 살이 무르고 푸석해지며 과도한 수분과 잡내를 유발한다. 또한 ATP 분해가 IMP 단계에서 멈추지 못하고 HX(하이포잔틴) 등 쓴맛 성분까지 나타나면, 풍미는 약해지고 쓴맛이 도드라진다.

나쁜 숙성의 주요 원인 중 하나는 숙성 시간을 제대로 통제하지 못한 데 있다. 숙성 시간이 지나치게 짧으면 살이 질겨지고 단맛과 감칠맛이 충분히 형성되지 않는다. 반대로 지나치게 길면 수분이 과도하게 빠지고 살이 무너져 부패로 이어질 위험이 높다. 따라서 숙성 시간 역시 과학적 관리가 반드시 필요한 중요한 변수다.

좋은 숙성은 여러 요소가 서로 맞물려 완성된다. 깨끗한 전처리, 낮은 온도의 안정적 유지, 수분과 산소의 세심한 조절, 어종과 생선의 상태에 맞춘 보조 처리(소금이나 숙성용 페이퍼 등), 그리고 목표 식감과 풍미에 따른 정확한 시간 관리가 그것이다.

반대로 나쁜 숙성은 불완전한 위생 관리, 온도 관리 실패, 방치된 수분, 숙성 시간에 대한 이해 부족, 어종별 구분 없이 동일한 기준 적용 등으로 인해 식감과 맛이 모두 떨어지는 결과를 초래한다.

● 좋은 숙성 vs 나쁜 숙성

|  | 좋은 숙성 | 나쁜 숙성 |
|---|---|---|
| 전처리 | • 이케지메, 신케지메로 신경 파괴 → ATP 보존<br>• 완벽한 피빼기 → 몸속의 피를 완전히 제거<br>• 내장 제거 및 점액 세척 | • 이케지메·신케지메 하지 않음 → 사후경직이 앞당겨지고, 숙성 속도 빨라짐<br>• 피 잔류 → 잡내, 세균 증식 가속 |
| 온도관리 | • 항상 2~3℃ 유지 | • 불안정한 온도 → 드립 발생, 부패 가속 |
| 수분·산소 관리 | • 절단면 최소화<br>• 숙성용 페이퍼 교체로 수분 관리 | • 표면 수분 방치 → 잡내·세균 증식<br>• 절단면 과다 노출 → 변색·산패<br>• 진공 포장 후 수분 제거 미흡 → 혐기성 잡내 발생 |
| 시간 관리 | • 어종별 시간 차등 적용 | • 지나치게 짧다 → 살이 질겨지고 단맛 부족<br>• 지나치게 길다 → 풍미 약화, 식감 물러짐<br>• 일관성 없는 숙성 시간 → 결과가 일정하지 않음<br>• 모든 어종에 동일 시간 적용 → 어종별 특성 무시 |
| 특징 | • 쫄깃한 식감, 감칠맛 증가<br>• 지방 성분 유지 → 맛이 좋음 | • 비린내·암모니아 냄새 발생<br>• 갈변·물컹한 식감 |
| 기 타 | • 흰살생선: 수분 관리 중요<br>• 붉은살생선: 산패 주의 | • 어종별 특성 무시 → 숙성 실패<br>• 등푸른생선 장기 보관 → 히스타민 발생 위험<br>• 회뜨기 후 방치 숙성 → 숙성 의미 없음 |

# 과학으로 풀어보는 숙성의 비밀

# 생선의 숙성 과정

 살아 있는 생선은 죽음과 함께 여러 단계를 거치며 변화한다. 가장 먼저 시작되는 것은 사후경직으로, 근육이 굳어 살이 단단하고 질겨진다. 시간이 지나 경직이 풀리면 근육이 다시 부드러워지고, 내부의 ATP가 분해되어 IMP(이노신산)로 전환된다. 이때 생선살은 감칠맛이 깊어지고 식감이 쫄깃해지는데, 바로 이 순간이 우리가 말하는 숙성의 절정기다. 그러나 이 시기가 지나면 단백질 구조가 무너지고 세균이 증식하여, 결국 부패로 이어진다.

 즉, 생선은 「사망 → 사후경직 시작 → 사후경직 진행 → 사후경직 종료 → 숙성 시작 → ATP 분해와 IMP 생성 → 숙성 절정기 → 숙성 종료 → 부패」라는 흐름 속에서 맛과 식감이 변해 간다.

**• 사후경직 시작 : 근육이 단단하게 굳기 시작함**

 생선이 죽고 나서 30분~1시간 정도 지나면 사후경직이 시작되고, 사후경직이 시작되면 ATP 분해가 시작된다. 사후경직은 보통 7~8 시간 정도 지속되며, 이 시점의 생선은 사후경직으로 인해 살이 단단하고 질긴 상태이다.

 활어회는 이 상태의 생선으로 만든 요리이다(사망 후 7~8시간 이내).

**• 사후경직 종료 : 근육이 부드럽게 풀어지기 시작(숙성 시작)**

 7~8시간이 지나면 사후경직이 끝나고, 분해된 ATP는 감칠맛 성분인 IMP(이노신산)로 변

하며, 식감은 조금씩 부드러워지기 시작한다.

사후경직이 끝나는 이때가 바로 숙성이 시작되는 시점이다(사망 후 7~8시간 경과).

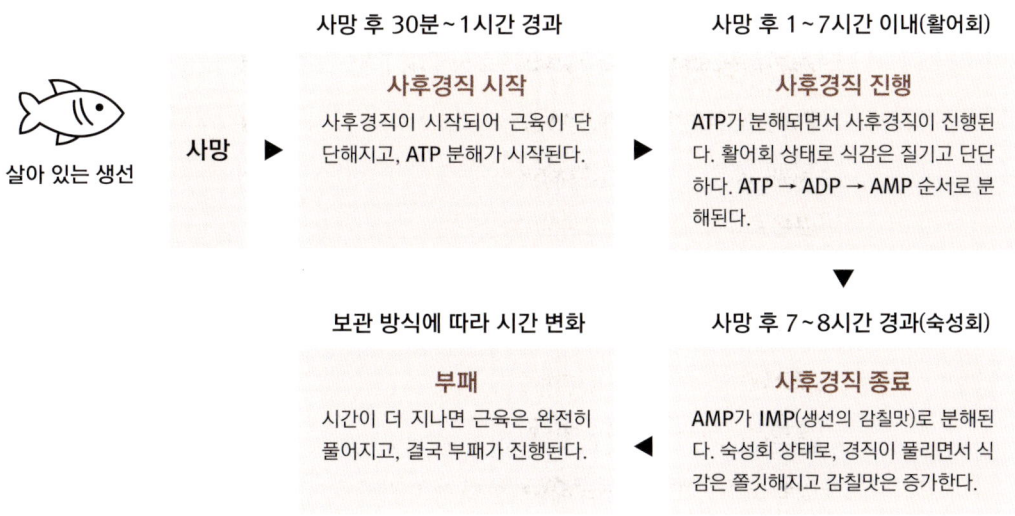

**사망 후 30분~1시간 경과**

**사후경직 시작**
사후경직이 시작되어 근육이 단단해지고, ATP 분해가 시작된다.

**사망 후 1~7시간 이내(활어회)**

**사후경직 진행**
ATP가 분해되면서 사후경직이 진행된다. 활어회 상태로 식감은 질기고 단단하다. ATP → ADP → AMP 순서로 분해된다.

**보관 방식에 따라 시간 변화**

**부패**
시간이 더 지나면 근육은 완전히 풀리고, 결국 부패가 진행된다.

**사망 후 7~8시간 경과(숙성회)**

**사후경직 종료**
AMP가 IMP(생선의 감칠맛)로 분해된다. 숙성회 상태로, 경직이 풀리면서 식감은 쫄깃해지고 감칠맛은 증가한다.

살아 있는 생선 **사망**

생선회를 전문으로 하는 요리사들은 흔히 「생선회는 7시간이 지나야 맛있다」라고 하는데, 이는 생선의 사후경직이 보통 7~8시간 정도 걸리기 때문이다. 사후경직이 끝나면 질기던 식감이 점점 풀려 쫄깃하면서도 부드러워지고, 동시에 생선 본연의 감칠맛도 더욱 살아난다. 그래서 생선회는 7시간이 지나야 맛있다고 하는 것이다.

다만 여기서 주의할 점은 모든 생선이 동일하게 7~8시간 뒤에 사후경직이 끝나는 것은 아니라는 사실이다. 또한 모든 생선이 죽고 나서 30분~1시간 뒤에 사후경직이 시작되는 것도 아니다. 사후경직의 시작과 종료 시점은 생선의 종류, 크기, 상태, 보관 온도, 그리고 손질 방법 등에 따라 크게 달라진다. 따라서 자신이 주로 사용하는 생선의 종류와 크기, 보관 조건 등을 기록하면서 시간에 따른 변화를 관찰하는 것이, 원하는 식감과 맛을 찾아내는 가장 좋은 방법이다.

생선은 모두 다르다. 양식 생선은 비교적 일정한 환경에서 자라기 때문에 어느 정도 균일한 데이터를 얻을 수 있지만, 자연산 생선은 개체마다 차이가 커서 동일한 기준을 적용하기 어렵고 그만큼 예측도 쉽지 않다.

그러나 앞에서 살펴본 숙성 과정과 함께 사후경직이 언제 시작되고 언제 끝나는지, 그리고 사후경직이 끝난 뒤 어떤 변화가 일어나는지를 이해한다면 이야기는 달라진다. 이러한 원리를 알고 있으면 개체별 차이가 큰 자연산 생선이라도 맛이 절정에 이르는 지점을 충분히 찾아낼 수 있다.

　이제 사후경직에 대해 좀 더 자세히 알아보자.

# 사후경직의 이해

사후경직을 이해하려면, 먼저 생선이 죽은 뒤 몸속에서 어떤 생화학적 변화가 일어나는지 살펴볼 필요가 있다. 생선이 살아 있을 때 근육을 움직이게 해주는 주된 에너지원은 ATP(아데노신삼인산)이다. 하지만 생선이 죽는 순간 더 이상 에너지를 생성할 수 없게 되므로, 몸속에 남아 있던 ATP는 연속적인 분해 과정을 거치며 빠르게 소모된다.

ATP는 ADP, AMP의 순서로 차례차례 인산기가 떨어져 나가며 분해된다. 이 과정은 단순한 에너지 소모가 아니라, 사후경직과 숙성에 직접적인 영향을 미치는 중요한 변화 과정이다. 이어서 AMP는 효소작용에 의해 IMP(이노신산)로 전환되는데, 이 IMP가 바로 숙성 생선의 감칠맛을 내는 핵심 성분이다.

생선의 사후 변화는 크게 다음과 같은 흐름을 따른다.

### ❶ ATP 분해(ATP→ADP→AMP)

생선이 죽으면 ATP 생성이 중단되고, 몸속에 저장되어 있던 ATP만 빠르게 소비된다. ATP가 거의 소모되면 근육은 이완과 수축을 반복할 수 없게 되고, 사후경직이 시작된다.

### ❷ IMP 축적(맛의 절정)

AMP가 IMP로 분해되면서 감칠맛이 증가한다. 이 시기는 숙성회에서 가장 좋은 풍미를 즐길 수 있는 시기와 맞닿아 있다.

### ❸ INO → HX(맛의 하락)

IMP가 충분히 축적된 이후에는 다시 분해가 진행된다. IMP는 INO(이노신)로 분해되고, 다시 HX(하이포잔틴)로 분해된다. 이 단계에 이르면 감칠맛은 점차 사라지고 쓴맛과 불쾌한 냄새가 나타나기 시작하며, 품질 저하와 부패가 진행된다.

결국 생선의 사후 변화는 ATP가 소진되는 순간부터 시작되는 연속적인 분해 과정이며, 이 흐름 속에서 맛이 최고조에 오르는 시점(IMP)과 다시 떨어지기 시작하는 시점(INO·HX)이 뚜렷하게 나타난다. 즉, 사후 변화는 생선의 맛이 정점에 이르렀다가 서서히 쇠퇴하며 결국 부패로 향하는 전체 과정을 의미한다.

## 생선의 사후 변화

**사망**

▼

ATP 분해가 시작되면서
생선의 사후경직이 시작된다

**ATP** (아데노신삼인산)

▼

**ADP** (아데노신이인산)

▼

**AMP** (아데노신일인산)

▼

**IMP** (이노신산)
생선의 감칠맛 생성

▼

**INO** (이노신)
감칠맛 감소, IMP 분해 시작

▼

**HX** (하이포잔틴)
부패 진행, 쓴맛 증가, 섭취 불가

# 사후경직의 의미

사후경직의 사전적 의미는 「시간이 지나면서 근육의 pH가 낮아지고(산성), 근육이 갈수록 단단해지는 현상」이다. 생선의 경우에도 죽은 뒤 일정 시간이 지나면 근육이 굳어 딱딱해진다.

생선의 근육이 딱딱하게 굳는 이유는 근섬유 속에 존재하는 2가지 단백질, 액틴(Actin)과 미오신(Myosin) 때문이다. 이 단백질들이 서로 결합하면 근육이 수축하며 굳어진다. 살아 있을 때는 ATP(아데노신삼인산)가 이러한 결합을 풀어주어 근육이 굳지 않지만, 죽은 뒤에는

ATP가 빠르게 소모되고 더 이상 생성되지 않기 때문에, 액틴과 미오신의 결합을 풀 수 없다. 그 결과 근육은 갈수록 딱딱하게 굳어지는데, 이 현상을 「사후경직」이라고 한다.

(살아 있는 생선)

액틴과 미오신이 결합하면 근육이 수축함.

ATP가 결합을 풀어 근육이 굳지 않음.

(죽은 생선)

액틴과 미오신의 결합이 유지되어 근육이 단단해짐.

ATP가 소모되어 결합을 끊지 못하고 사후경직 시작.

사후경직은 보통 죽은 뒤 30분~1시간 이내에 시작되며 어종이나 크기에 따라 차이가 있다. 사후경직이 진행되는 동안 근육에 남아 있던 ATP는 ADP와 AMP를 거쳐 분해된다. ATP가 거의 소모되는 시점에 근육의 경직은 최고치에 이르며, 이후 AMP가 IMP(이노신산)로 분해되면서 서서히 풀어지기 시작한다.

이때부터 생선의 감칠맛은 갈수록 증가하고, 식감은 부드러워진다. 바로 이 시점이 생선의 숙성이 본격적으로 시작되는 순간이다.

(죽은 생선)

ATP → ADP → AMP → 생선의 감칠맛 성분 IMP

**결국, ATP가 IMP로 변하면서 「생선의 감칠맛」 증가**

일반적으로 생선의 사후경직은 7~8시간 정도 지속되는 것으로 알려져 있다. 그러나 실제로는 어종, 크기, 보관 온도, 그리고 개체의 건강 상태에 따라 크게 달라진다. 특히 이케지메[活け締め]와 신케지메[神経締め] 같은 처리 방법을 사용하면 사후경직을 늦출 수 있다. 사후경직이 늦어지면 숙성 가능한 시간이 늘어나며, 동시에 맛의 완성도도 높아진다.

따라서 생선 숙성에서는 사후경직과 이케지메, 신케지메의 원리를 정확히 이해하는 것이 매우 중요하다. 이를 바탕으로 숙성 가능한 시간을 확보하고, 최적의 맛을 이끌어낼 수 있다.

# 사후경직을 늦추기 위한 조건

사후경직을 늦추기 위해서는 무엇보다 ATP 소모를 최소화하는 것이 중요하다. 근육 속에 남아 있는 ATP가 빠르게 고갈되면, 액틴과 미오신 결합이 분리되지 못한 채 고정되어 근육이 단단히 굳어버린다. 반대로 ATP의 소모 속도를 늦추면, 사후경직의 시작과 진행을 지연시켜 숙성 가능한 시간을 더 길게 확보할 수 있다. 이를 위한 조건은 다음과 같다.

**❶ 이케지메**

생선을 단번에 죽여 불필요한 몸부림과 스트레스를 줄이면, 근육의 ATP 소모가 최소화되어 사후경직이 늦게 시작된다.

**❷ 신케지메**

척수 신경을 파괴하여 사후 반사 작용을 차단하면 근육 수축이 억제되고, ATP 소모가 완만해지면서 사후 경직이 늦게 시작된다.

**❸ 개체의 크기**

크기가 큰 생선은 작은 생선보다 근육 내 ATP 함량이 높아서 소모되는 데 시간이 더 오래 걸리며, 그만큼 사후경직이 늦게 시작된다.

**❹ 건강 상태**

건강한 생선은 에너지 저장량이 풍부해 ATP가 소모되는 데 시간이 더 오래 걸리기 때문에, 사후경직이 늦게 시작된다.

**❺ 활동성**

고등어나 다랑어처럼 활동성이 높은 어종은 ATP 소모가 빠르기 때문에, 광어나 가자미처럼 활동성이 낮은 어종보다 사후경직이 더 빨리 시작된다.

**❻ 스트레스 감소**

스트레스를 적게 받은 생선은 ATP 소모가 적기 때문에 사후경직이 늦게 시작된다.

### ❼ 저온 유지

생선을 잡은 직후 빠르게 저온 상태로 보관하면 근육 내 효소의 활성이 억제되어, ATP 분해 속도가 늦어지고 사후경직도 늦게 시작된다.

이처럼 사후경직을 늦추기 위한 조건은 여러 가지가 있다. 사후경직을 늦추면 부패를 늦추는 데 도움이 되고, 생선의 좋은 식감과 맛을 좀 더 오랫동안 유지할 수 있다.

활어회의 경우에는 사후경직이 빠르게 진행되면 단단하고 질긴 식감이 조금 더 빨리 부드러워질 수 있다. 그러나 부드러운 식감과 깊은 맛을 더 오래 유지하기 위해서는, 사후경직을 늦추는 것이 더 효과적이다.

따라서 활어를 직접 잡아 사용하는 경우든 이미 죽은 선어를 사용하는 경우든, 사후경직의 시점을 정확히 파악하는 것이 무엇보다 중요하다. 이 시점을 알아야 숙성 시간을 세밀하게 조절할 수 있고, 그 결과 원하는 맛과 식감을 이끌어낼 수 있기 때문이다.

다행히 사후경직은 생선을 직접 만져보면 충분히 감지할 수 있다. 이러한 확인 과정을 통해 숙성을 보다 안정적으로 진행할 수 있고, 결과적으로 맛의 완성도도 높일 수 있다.

## 사후경직에 따른 육질 변화

사후경직에 따른 육질의 변화는 손으로 만져보면 쉽게 알 수 있다. 다만 생선의 상태에 따라 사후경직이 진행되는 속도는 차이가 날 수 있으므로, 정확한 판단을 위해서는 반복적인 경험과 기록을 통해 데이터를 쌓는 것이 중요하다.

### ❶ 사후경직 전

- 살결이 부드럽다.
- 손가락으로 누르면 살이 쉽게 들어가고, 비교적 빨리 원래대로 돌아온다.
- 근육에 유연성이 남아 있어 전체적으로 말랑한 느낌을 준다.

### ❷ 사후경직 진행 중

- 살이 단단하고 뻣뻣하게 굳는다.
- 손가락으로 눌러도 잘 들어가지 않으며, 탄성이 상실되어 「저항감」이 느껴진다.

- 꼬리나 몸통이 굽혀지지 않고 막대기처럼 단단한 느낌이다.
- 식감이 질기고 감칠맛도 부족하다.

**❸ 사후경직 후**

- 경직이 풀리면서 근육이 다시 부드러워지지만, 단순히 무른 상태가 아니라 쫄깃하고 탄력 있는 식감이 된다.
- 손가락으로 누르면 적당히 들어가면서도 탄력이 회복되어 다시 차오르는 느낌이다.
- 감칠맛 성분(IMP)이 증가하여 맛이 좋아진다.

**● 사후경직 단계별 특징**

|  | 사후경직 전 | 사후경직 진행 | 사후경직 후 (숙성) |
|---|---|---|---|
| **상태** | 부드러움 | 뻣뻣함/단단함 | 부드럽고 탄력 있음 |
| **누름 저항** | 낮음 (쑥 들어감) | 높음 (잘 안 들어감) | 적당함 (들어가지만 다시 차오름) |
| **식감/맛** | 말랑함 / 담백함 | 질김 / 감칠맛이 약함 | 쫄깃함 / 감칠맛 극대화 |

사후경직 여부는 손가락으로 살짝 눌러보거나 생선 몸통을 살짝 굽혀보면 확인할 수 있다. 근육이 단단하고 탄력이 강하게 느껴진다면, 사후경직이 진행 중인 상태이다.

# 피빼기와 사후경직의 관계

생선 몸속의 피를 빼는 과정은 단순히 위생만을 위한 것이 아니다. 피를 제대로 제거하는 것은 숙성의 속도와 생선회의 품질을 결정짓는 중요한 과정이기도 하다. 생선을 어떻게 잡는지가 중요한 만큼, 잡은 뒤 피를 어떻게 처리하는지 역시 중요하다.

몸속에 피가 남아 있으면 세균이 증식하기 쉽고, 근육 대사가 촉진되어 ATP가 빠르게 소모되면서 사후경직이 일찍 시작된다. 반대로 피를 제대로 제거하면 ATP 소모와 pH 저하가 완만해져 사후경직 진행이 느려지고, 그만큼 숙성 시간을 확보할 수 있다. 피빼기는 단순히 위생의 문제가 아니라, 숙성 속도와 품질을 좌우하는 핵심 과정이다.

예를 들어 고등어 같은 등푸른생선은 혈액 속 히스티딘 함량이 높아, 피를 제대로 빼지 않으면 비린내가 심해지고 산패도 빨리 진행된다. 동시에 ATP 소모가 빨라져 사후경직이 빨리 일어나므로, 피를 깨끗이 제거해야 경직을 늦추고 담백한 맛을 유지할 수 있다. 대형어종인 참치 역시 마찬가지로, 피를 잘 뺀 개체일수록 ATP 소모가 억제되어 사후경직이 늦게 진행되기 때문에, 그만큼 충분한 숙성 시간을 확보할 수 있다.

**피를 말끔히 제거한 광어의 단면**
몸속에 피가 남아 있으면 세균이 증식하기 쉽고, 근육 대사가 촉진되어 ATP가 빠르게 소모되면서 사후경직이 일찍 시작된다.

**❶ 피를 빨리 빼면**

- 산소가 줄어 ATP 천천히 소모 → 사후경직이 늦게 온다.

**❷ 피가 남아 있으면**

- 젖산이 쌓여 pH 급격히 저하, ATP 빠르게 소모 → 사후경직이 빨리 온다.
- 세균과 효소 → 단백질 분해와 부패가 빨라지고 숙성 시간이 짧아진다.

**❸ 피를 깨끗이 빼면**

- 세균 증식이 억제되고 pH 완만하게 저하 → 숙성 가능한 시간이 길어진다.

결국, 피를 제대로 그리고 깨끗이 빼면 사후경직이 늦어지고 숙성 가능한 시간이 길어져, 맛과 품질을 안정적으로 확보할 수 있다.

생선의 피를 뺄 때는 아가미쪽에 칼을 넣어 혈관을 끊고 꼬리 부분을 절개한 뒤, 얼음을 넣은 3% 소금물에 담가준다. 이렇게 피를 빼는 과정을 일식 용어로 「지누키[血抜き]」라고 한다.

# 생선의 에너지와 맛의 변화

생선의 근육에는 생명 활동에 필요한 에너지가 ATP 형태로 저장되어 있다. 생선이 죽은 뒤에는 새로운 에너지가 만들어지지 않기 때문에, 남아 있는 ATP가 차례로 분해되며 근육의 상태와 맛이 함께 변화한다. 이 과정에서 감칠맛 성분인 IMP(이노신산)가 생성되면서 생선의 맛도 점점 깊어진다. 생선의 에너지인 ATP가 분해되는 과정과 맛의 변화에 대해 자세히 알아보자.

## ATP, ADP, AMP의 구성 요소

아데닌(Adenine)      리보스(Ribose)      인산기(Phosphate)

아데닌 + 리보스 = 아데노신(Adenosine)

# ATP(Adenosine Triphosphate)

ATP(아데노신삼인산)는 아데노신(Adenosine)에 3개의 인산기(Phosphate Group)가 결합된 고에너지 화합물이다. 생물체의 세포 안에서 에너지를 저장하고 전달하는 역할을 하며, 근육의 수축과 이완을 조절하고, 세포 내 대사 과정 및 이온 펌프 작동과 같은 다양한 생명 활동에 필요한 에너지를 공급한다. 인간은 물론 생선을 포함한 모든 생물체는 ATP를 통해 에너지를 저장하고 전달하며 근육 활동을 유지한다. 그러니까 ATP는 생명 활동을 유지하는 기본적인 에너지 화폐라고 할 수 있다.

- **아데노신(Adenosine)** → 아데닌(염기) + 리보스(당)로 이루어진 구조.
- **삼인산(Triphosphate)** → 3개의 인산기가 붙어 있다는 뜻.

즉, ATP는 아데노신에 인산기 3개가 결합된 분자로, 모든 생물체에서 생명 활동에 필요한 에너지를 공급하는 역할을 한다.

## ATP의 기본 구조

# ADP(Adenosine Diphosphate)

ADP(아데노신이인산)는 ATP에서 1개의 인산기가 떨어져 나가면서 생성되는 분자로, 이 과정에서 에너지가 방출된다. 즉, 3개의 인산기를 가진 ATP에서 인산기 1개가 떨어지면 2개의 인산기를 가진 ADP가 되며, 이때 발생하는 에너지는 근육 활동이나 세포 대사 등에 사용된다. 반대로 세포 호흡 과정에서 생성된 에너지가 저장되면, ADP에 인산기 1개가 결합하여 다시 ATP로 전환된다. 이러한 ATP ↔ ADP의 전환 과정은 생명체의 에너지 생성과 저장을 담당하는 핵심 메커니즘이다.

- **아데노신(Adenosine)** → 아데닌(염기) + 리보스(당)로 이루어진 구조.
- **이인산(Diphosphate)** → 2개의 인산기가 붙어 있다는 뜻.

즉, ADP는 아데노신에 인산기 2개가 결합된 분자이다. ATP가 완전히 충전된 배터리라면, ADP는 절반쯤 방전된 배터리라고 할 수 있다. 또한 ADP에 인산기 1개가 결합되어 ATP가 되면 에너지가 충전되고, 이후 ATP가 분해되면서 다시 에너지를 공급할 수 있다.

## ADP의 기본 구조

# AMP(Adenosine Monophosphate)

AMP(아데노신일인산)는 ADP(아데노신이인산)에서 1개의 인산기가 더 떨어져 나가면서 생성되는 분자이다. 이 과정에서도 에너지가 방출된다. ATP에서 인산기 1개가 떨어져 나가면 ADP가 되고, ADP에서 다시 인산기 1개가 떨어지면 AMP가 된다. 반대로 세포 호흡을 통해 에너지가 보충되면 AMP는 ADP로, ADP는 다시 ATP로 합성된다.

특이한 점은 생물체가 많은 에너지를 한 번에 필요로 하는 경우, ATP가 ADP 단계를 거치지 않고 곧바로 AMP로 분해되기도 한다. 이 과정에서 인산기 2개가 동시에 떨어져 나가면서 고에너지가 방출된다. 하지만 AMP가 다시 ATP로 합성될 때는 반드시 ADP 단계를 거치며, AMP에서 곧바로 ATP로 합성되지는 않는다.

- **아데노신(Adenosine)** → 아데닌(염기) + 리보스(당)로 이루어진 구조.
- **일인산(Monophosphate)** → 1개의 인산기가 붙어 있다는 뜻.

즉, AMP는 아데노신에 인산기 1개가 결합된 분자이다. ATP가 계속 분해되면서 에너지를 거의 다 써버린 상태가 AMP인 것이다. 에너지 공급 능력이 거의 없는 단계이지만, AMP도 세포에서 중요한 역할을 한다. 신호물질로 작용하여 「에너지가 부족하다」라는 것을 세포에 알려줌으로써, ATP를 다시 만들기 위한 대사를 촉진하는 것이다. ATP가 완전히 충전된 배터리, ADP가 절반쯤 쓴 배터리라면, AMP는 거의 방전 직전 배터리라고 할 수 있다. AMP를 충전하면 ADP가 되고 ADP를 충전하면 다시 ATP가 된다(에너지 공급 가능).

## AMP의 기본 구조

---

## ATP, ADP, AMP 관련 용어

① **아데노신(Adenosine)**
- 아데닌(Adenine, 염기)과 리보스(Ribose, 당)가 결합된 구조.
- 「아데닌 염기」와 「리보스 당」이 합쳐진 핵심 뼈대이다.
- 인산기가 결합하면 AMP, ADP, ATP가 된다.

② **아미노기(NH$_2$)**
- 질소(N) 원자에 수소(H) 2개가 결합된 구조.
- 단백질과 핵산 등 생체분자의 구성에 중요한 역할을 한다.

③ **인(P), 산소(O)**
- 인 원자에 4개의 산소 원자가 결합해 인산기($PO_4$)를 형성한다.
- ATP에서는 인산기가 서로 연결되어 있으며, 이 결합이 끊어질 때 에너지가 방출된다.

④ **수소(H)**
- 리보스(당)와 인산기에 결합되어 분자의 구조를 형성한다.
- 분자의 구조적 안정성과 화학적 반응성에 영향을 준다.

## ATP, ADP, AMP의 이해

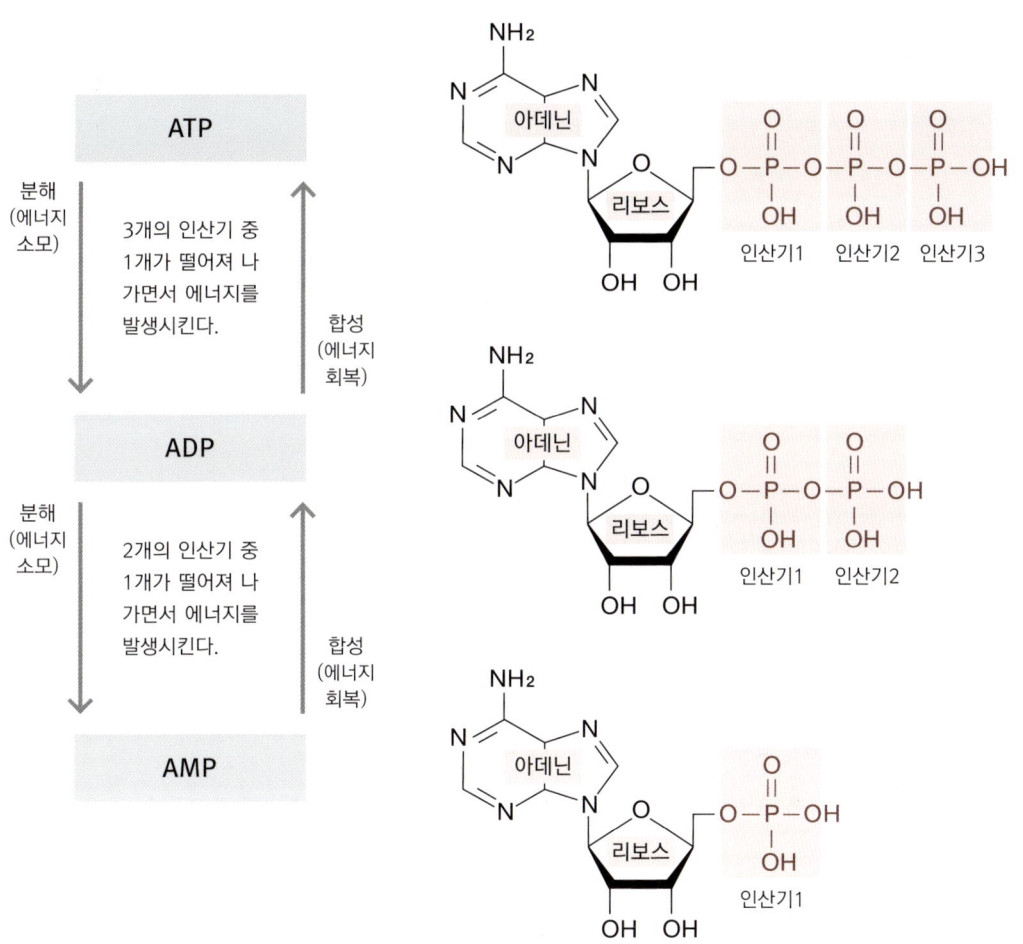

# 생선의 에너지 순환

앞에서 설명한 것처럼 ATP(아데노신삼인산)는 살아 있는 모든 생물체에서 에너지원으로 작용하는 분자이다. 인간은 물론 생선 역시 ATP를 통해 에너지를 얻으며 살아간다.

생물체는 바로 사용하기 위해 ATP 형태로 에너지를 저장한다. 그리고 신체 활동을 하거나 스트레스를 받으면 ATP가 분해되며 에너지가 방출된다. 예를 들어, 생선이 물속에서 헤엄을 치거나 포식자로부터 도망치고 먹이를 찾기 위해 움직일 때 사용하는 에너지는 모두 ATP 분해에서 나온다.

ATP는 단순히 소멸되는 것이 아니라 ADP나 AMP로 분해되면서 에너지를 방출한다. 즉, 생물이 에너지를 필요로 할 때 ATP가 ADP 또는 AMP와 인산기로 분해되고, 이 과정에서 에너지가 공급되는 것이다.

한편 소모된 ATP는 다시 합성된다. 생물이 세포 호흡을 통해 유기물을 분해하여 얻은 에너지는, ADP에 인산기가 다시 결합하여 ATP를 합성하는 데 사용된다. ATP는 끊임없이 생성과 분해를 반복하며 생명 활동을 유지한다.

**❶ ATP → ADP : 에너지 방출**

일반적인 세포 활동에서 에너지가 필요할 때, ATP는 인산기 1개를 잃고 ADP로 분해되며 에너지를 방출한다.

**❷ ATP → AMP : 더 많은 에너지 방출**

어떤 생화학 반응에서는 ATP가 ADP 단계를 거치지 않고 바로 AMP로 분해된다. 이 과정에서는 더 많은 에너지를 방출한다.

**❸ ADP → ATP : 에너지 저장**

ADP는 세포 호흡을 통해 얻은 에너지로 인산기와 다시 결합하여 ATP가 되며, 이때 에너지가 저장된다.

**❹ AMP → ADP → ATP : 에너지 저장**

AMP는 바로 ATP로 합성되지 않고 ADP를 거쳐서 ATP로 합성된다. 이 과정에서도 세포 호흡 과정에서 얻은 에너지가 사용된다.

**❺ ATP ↔ ADP ↔ AMP의 순환**

세포에서는 ATP가 분해되면서 에너지를 제공하고, 다시 ATP로 합성되는 에너지 순환 과정이 지속적으로 이루어진다.

이처럼 생선을 포함한 모든 생물은 ATP가 분해되며 에너지를 방출하고, 다시 ATP로 합성되는 순환 구조를 통해 생명 활동을 유지한다. 모든 생물은 ATP에 에너지를 저장해 두었다가 필요할 때 사용하며, 이는 마치 저금통에 돈을 저축해 두었다가 꺼내 쓰는 것과 같다.

### ATP, ADP, AMP의 순환 구조

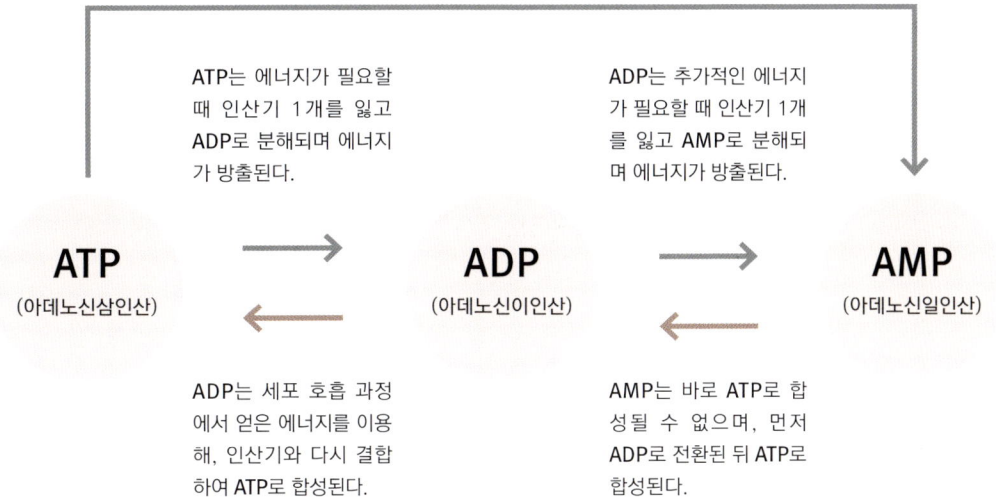

생물은 ATP가 ADP와 AMP로 분해되며 에너지를 공급하고,
다시 ATP로 합성되는 순환 구조를 통해 살아간다.

많은 에너지가 필요할 때는 ATP가 ADP 단계를 거치지 않고 AMP로 분해되기도 하며, 이때 더 많은 에너지가 방출된다.

ATP는 에너지가 필요할 때 인산기 1개를 잃고 ADP로 분해되며 에너지가 방출된다.

ADP는 추가적인 에너지가 필요할 때 인산기 1개를 잃고 AMP로 분해되며 에너지가 방출된다.

**ATP**
(아데노신삼인산)

**ADP**
(아데노신이인산)

**AMP**
(아데노신일인산)

ADP는 세포 호흡 과정에서 얻은 에너지를 이용해, 인산기와 다시 결합하여 ATP로 합성된다.

AMP는 바로 ATP로 합성될 수 없으며, 먼저 ADP로 전환된 뒤 ATP로 합성된다.

# 생선 맛의 핵심, IMP(Inosine Monophosphate)

생선은 살아 있을 때 ATP ↔ ADP ↔ AMP 순환을 반복하며 에너지를 사용하고 저장한다. 그러나 죽는 순간부터 세포 호흡을 통한 에너지 회복은 더 이상 이루어지지 않는다. 이때 생선이 보유한 ATP는 순차적으로 ADP → AMP → IMP(이노신산)로 분해된다.

IMP는 바로 생선 특유의 감칠맛을 내는 핵심 성분이다. 다시 말해, 생선이 살아 있을 때 에너지원으로 쓰이던 ATP가 죽은 뒤 맛을 내는 성분으로 변하는 것이다. 이 시점은 사후경직이 끝나고 근육이 풀리는 시기와도 일치한다.

따라서 ATP → ADP → AMP → IMP로 이어지는 흐름은 곧 「에너지가 맛으로 변하는 과정」이라고 할 수 있다. 또한 건강한 생선일수록 ATP 함량이 높기 때문에, 그만큼 더 많은 IMP가 생성되어 결과적으로 더 좋은 맛을 낸다.

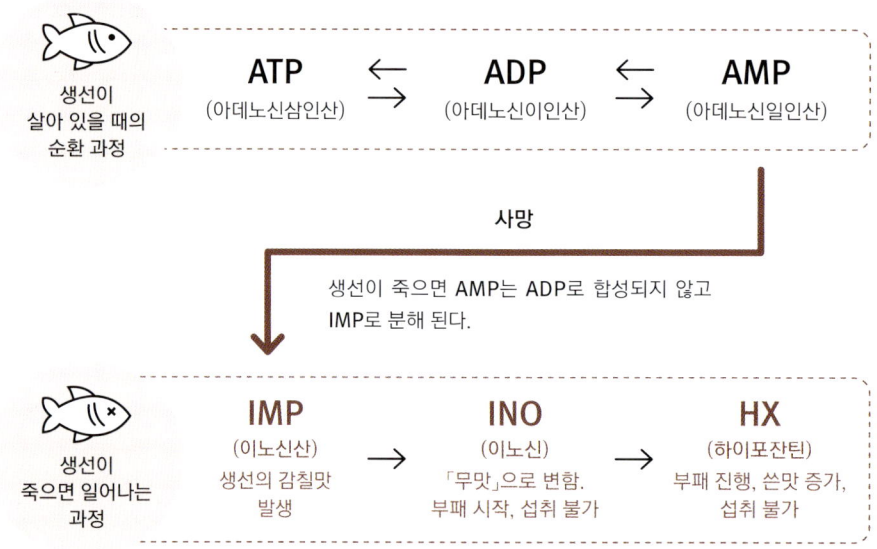

생선이 살아 있을 때의 순환 과정

**ATP** (아데노신삼인산) ← **ADP** (아데노신이인산) ← **AMP** (아데노신일인산)

사망

생선이 죽으면 AMP는 ADP로 합성되지 않고 IMP로 분해 된다.

생선이 죽으면 일어나는 과정

**IMP** (이노신산) 생선의 감칠맛 발생 → **INO** (이노신) 「무맛」으로 변함. 부패 시작, 섭취 불가 → **HX** (하이포잔틴) 부패 진행, 쓴맛 증가, 섭취 불가

# ATP 함량과 생선의 숙성 속도

생선의 숙성 속도와 보관 가능 기간은 몸속 ATP 함량에 크게 영향을 받는다. ATP 함량이 높을수록 분해되는 속도가 느려서 숙성이 천천히 진행되고, 보관 기간이 더 길어진다.

### ❶ ATP 함량이 같은 경우(같은 어종 기준)

예를 들어 ATP 함량이 100인 생선 2마리가 있다면, 사망 후 ATP가 IMP로 분해되는 시간은 같다. 즉, ATP 함량이 같다면 숙성 시간, 보관 기간, 사용 가능 기간, 맛이 모두 비슷하다.

### ❷ ATP 함량이 다른 경우(같은 어종 기준)

ATP 함량이 100인 생선과 200인 생선이 있다면, 사망 후 ATP가 IMP로 분해되는 속도는 ATP 함량이 높은 쪽이 더 느리다. 즉, ATP 함량이 높은 생선일수록 숙성 속도가 느리며, 보관 기간과 사용 가능 기간이 더 길고 안정적이다.

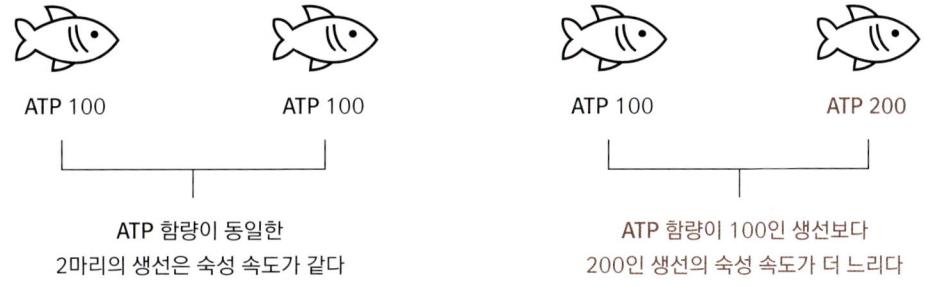

ATP 100     ATP 100      ATP 100     ATP 200

ATP 함량이 동일한
2마리의 생선은 숙성 속도가 같다

ATP 함량이 100인 생선보다
200인 생선의 숙성 속도가 더 느리다

※ 위의 예는 같은 어종을 기준으로 비교한 것이며, 다른 어종이라면 결과가 달라질 수 있다.

## ATP 함량이 높은 생선의 특징

① **건강한 생선**
  - 질병이 없고 활력이 좋으며 스트레스를 덜 받은 생선일수록 ATP 함량이 높다. 건강한 상태일수록 근육에 저장된 에너지가 풍부하다.

② **충분히 성장한 제철 생선**
  - 충분히 성장하고 지방과 근육이 발달한 제철 생선은 ATP 함량이 높다. 충분한 영양 공급과 성장이 ATP 축적에 도움을 준다.

③ **자연산 생선**
  - 같은 어종이라면 양식보다 자연산 생선이 ATP 함량이 높다. 자연환경에서는 스스로 먹이를 찾기 때문에 근육에 더 많은 에너지가 쌓인다.

# INO(Inosine)와 HX(Hypoxanthine)

생선이 죽으면 근육 내 에너지 대사 경로가 급격히 변화한다. 살아 있을 때 ATP는 근육 수축을 조절하고 세포 기능을 유지하는 데 사용되지만, 죽음과 동시에 혈액 순환과 산소 공급이 중단되면서 ATP가 빠르게 소모된다.

ATP는 순차적으로 ADP → AMP → IMP(이노신산)로 분해된다. IMP는 생선의 감칠맛을 형성하는 핵심 물질로, 사후경직이 끝나는 초기 단계에서 일시적으로 축적된다. 즉, 생선의 맛은 사후경직 직후 일정 기간 극대화된다.

그러나 시간이 더 지나면 IMP는 다시 INO와 HX로 분해된다. 이 과정이 진행되면 맛과 안전성이 급격히 떨어진다.

- 이노신(Inosine) : 무(無)맛이어서, 생선의 맛을 느끼기 어렵다.
- 하이포잔틴(Hypoxanthine) : 부패가 진행되면서 쓴맛과 비린내가 증가한다.

따라서 생선은 사후에 에너지가 맛으로 전환되지만, 그 맛이 유지되는 시간은 한정적이다. IMP가 유지되는 시점까지가 최적의 섭취 시기이며, INO 단계 이후부터는 섭취하지 않는 것이 좋다.

# 부패

사후경직이 끝나면 생선은 숙성 과정을 거치며 근육의 긴장이 풀리고 조직이 점차 이완된다. 이 과정에서 감칠맛 성분이 형성되지만, 시간이 지나면 IMP가 분해되면서 감칠맛이 감소한다. 동시에 수분 이동으로 인해 식감이 변화하고, 결국 부패로 이어진다. 이때 2가지 과정이 동시에 진행되면서 생선은 부패한다.

### ❶ 효소 작용(자가분해)

사후에는 혈액순환과 산소 공급이 중단되고, 세포 내 효소가 단백질, 핵산, 지질을 분해한다. 이 과정에서 IMP는 INO, 그리고 이어서 HX로 분해되며 맛이 저하된다.

### ❷ 미생물 증식

단백질 분해로 생긴 아미노산과 펩타이드는 미생물의 먹이가 된다. 또한 pH가 중성으로 변하고, 수분과 단백질, 불포화지방이 많아지면서 세균 증식이 활발해지고, 암모니아 냄새, 악취, 비린내가 발생한다.

이러한 부패 과정을 늦추는 가장 효과적인 방법은, 생선이 얼지 않는 범위에서 최대한 낮은 온도에 보관하는 것이다. 손질한 생선을 빠르게 냉장 보관하는 것은, 생선을 신선하게 유지하고 맛과 안전을 지키는 가장 기본적이고 중요한 방법이다.

# ATP가 중요한 이유

생선의 맛, 숙성 속도, 보관 가능 기간은 근육에 저장된 ATP 함량과 밀접하게 관련되어 있다. ATP 함량은 단순한 에너지 저장량을 넘어, 숙성, 맛, 보관 기간을 결정하는 핵심 지표라고 할 수 있다.

## 어종별 ATP 함량

생선의 ATP 함량은 숙성 기간과 맛에 직접적인 영향을 준다. 크고 지방이 풍부하며 건강한 생선이 맛있는 이유는, 바로 ATP 함량이 높기 때문이다. 또한 ATP 함량은 어종에 따라서도 달라진다.

광어는 기본적으로 ATP 함량이 낮으며, 참돔은 광어보다 ATP 함량이 높다. 고등어는 참돔보다 높고, 방어는 고등어보다 높으며, 참치는 방어보다 ATP 함량이 높다.

오른쪽 방향으로 갈수록 기본적인 ATP 함량이 높은 어종이다.

광어는 참돔에 비해 ATP 함량이 낮기 때문에. IMP(감칠맛) 축적도 적다. 실제로 광어를 숙성해 보면 식감의 변화는 크지만 맛의 변화는 제한적이다. 반면 방어나 참치는 ATP 함량이 높기 때문에. 숙성을 거치면서 식감뿐 아니라 맛의 변화도 뚜렷하게 나타난다.

예를 들어 1kg짜리 양식 광어보다 8kg짜리 자연산 광어의 숙성 속도가 더 느린 이유는, 자연산 광어가 양식 광어보다 ATP 함량이 높기 때문이다. ATP 함량이 높을수록 소모되는 데 시간이 오래 걸리므로, 숙성 속도는 늦어지고 보관 기간은 길어진다. 따라서 ATP 함량이 높은 생선일수록 숙성과 보관에 유리하다. 이것이 바로 생선의 ATP가 중요한 이유다.

## 생선의 자연사와 ATP

자연사(自然死)는 「사고가 아니라 늙거나 쇠약해 저절로 죽는 것」을 의미한다. 바다에서 잡은 생선이나 횟집 수족관에 보관된 생선은 원하는 시점에 사용할 수 있지만, 때로는 산소 부족, 먹이 부족, 좁은 공간에서 받는 스트레스 등으로 인해 자연사하기도 한다. 문제는 자연사한 생선의 경우, 살아 있는 동안 이미 몸속의 ATP를 상당량 소모한 상태로 죽는다는 점이다. 예를 들어 ATP 함량이 100인 생선이라면 자연사한 시점에는 10 이하로 줄어든 상태일 수 있다.

ATP가 충분히 남아 있는 상태에서 죽은 생선은, ATP → ADP → AMP → IMP로 이어지는 분해 과정에 시간이 걸리기 때문에 숙성이 서서히 진행된다. 반면 ATP가 거의 소모된 상태에서 죽은 생선은, ADP나 AMP 상태에서 바로 IMP로 분해되어 숙성이 빠르게 진행된다. 그 결과 살이 더 빨리 무르고 풀어지며, 신선하게 사용할 수 있는 기간도 짧아진다. 따라서 ATP 함량이 100인 상태에서 죽은 생선과 10인 상태에서 죽은 생선은 숙성 가능 시간과 보관 기간에서 큰 차이가 난다.

자연사한 생선은 이미 대부분의 ATP를 소모한 상태에서 죽기 때문에, 사후경직이 빠르게 진행되고 숙성 또한 짧은 시간 안에 끝나버린다. 그래서 수산시장에서 흔히 말하는 「힘 좋은 생선이 맛있다」는 이야기는 과학적으로도 타당하다. 물 위에 힘없이 떠 있거나 비틀거리며 헤엄치는 생선은 이미 상태가 좋지 않아 ATP가 많이 소모된 상태이므로, 숙성을 해도 살의 탄력이 떨어지고 맛의 깊이가 부족할 수밖에 없다.

# ⬦⬦⬦⬦ 소금 ⬦⬦⬦⬦

생선을 숙성할 때 소금은 단순한 조미료 이상의 역할을 한다. 간을 맞추는 것에 그치지 않고, 맛과 질감, 숙성의 속도와 방향까지 좌우하는 핵심 요소이다. 같은 생선이라도 소금을 어떻게 사용하느냐에 따라 숙성의 결과는 크게 달라질 수 있다.

## 소금의 역할

소금은 생선살 속 수분과 단백질에 직접 작용하여 부패를 늦추는 동시에, 효소 활동을 촉진해 단백질 분해와 감칠맛 형성을 돕는다. 생선이 최적의 맛에 이르는 과정에서, 소금은 시간을 조절하는 도구로 작용한다.

**❶ 미생물의 증식을 억제한다.**

생선살의 염도가 높아지면 미생물 내부의 수분이 빠져나가면서 미생물이 생존하기 어려운 환경이 만들어진다. 그 결과 부패가 늦어지고 생선살의 상태가 비교적 안정적으로 유지된다. 하지만 모든 미생물이 소금에 약한 것은 아니다. 일부 유익한 미생물은 낮은 염도에서도 생존하며, 오히려 소금으로 인해 다른 미생물이 줄어든 환경에서 더 활발히 증식한다. 이러한 환경에서는 보다 위생적이고 안정적으로 숙성이 진행될 수 있다.

**❷ 삼투작용으로 숙성 속도를 빠르게 만든다.**

생선살에 소금을 뿌리면 삼투압에 의해 살 속 수분이 빠져나가면서 표면 조직은 단단해진다. 이 과정에서 단백질 구조가 부분적으로 변형되고 효소의 활성도가 높아진다. 그 결과 단백질 분해가 촉진되고, ATP가 감칠맛 성분인 IMP로 분해되는 속도도 빨라진다. 겉으로 보기에는 단단해 보이지만, 내부에서는 이미 숙성이 빠르게 진행되고 있는 상태이다.

**❸ 풍미와 식감 형성에 관여한다.**

소금은 효소 작용을 원활하게 함으로써 감칠맛 성분인 IMP의 축적을 돕는다. 동시에 소금의 짠맛은 생선살의 단맛과 지방의 풍미를 살려 전체적인 맛의 균형을 잡아준다. 또한 삼투작용으로 수분 이동이 조절되면서 살의 식감이 형성된다. 특히 약 3% 농도의 소금물은 생선살이 지나치게 물러지는 것을 막으면서 촉촉함을 유지시켜, 숙성 후에도 탄력 있는 식감을 만들어 준다.

# 소금과 숙성 속도

소금은 생선의 숙성 속도에도 직접적인 영향을 준다. 생선살에 소금을 뿌리면 삼투작용으로 수분이 빠져나가 표면이 단단해진다. 겉으로 보기에는 숙성이 늦춰진 것처럼 보이지만, 내부에서는 숙성이 오히려 빠르게 진행된다.

삼투현상은 농도가 다른 두 용액이 맞닿았을 때, 농도가 낮은 쪽의 물이 높은 쪽으로 이동하는 현상이다. 소금으로 수분이 이동하면 단백질 구조가 변하고 효소 작용이 원활해지면서, 단백질 분해와 감칠맛 생성이 촉진된다. 결과적으로 숙성 속도는 빨라진다.

배추를 소금에 절이면 수분이 빠져나오면서 금세 시드는 것처럼, 생선살도 수분이 빠지면서 겉은 단단해 보여도 내부에서는 조직 변화가 빠르게 일어난다. 생선 1마리를 해체하여 반으로 나눈 뒤, 한쪽은 그대로 냉장 보관하고 다른 한쪽에는 소금을 뿌려 보자. 처음에는 소금을 뿌린 쪽의 표면에서 수분이 빠져나가 살이 단단해진다. 그러나 시간이 지나면 내부 단백질이 효소 작용으로 분해되면서 근육 섬유가 부드러워지고 조직이 점차 연해진다. 그 결과 소금을 뿌린 쪽에서 숙성에 따른 변화가 더 빨리 나타나 숙성 속도의 차이를 확인할 수 있다.

# 소금과 부패

생선의 부패는 시간의 흐름에 따라 자연스럽게 진행되지만, 그 속도는 충분히 조절할 수 있다. 소금은 세균이 증식하기 어려운 환경을 만들고, 미생물과 효소에 의한 변화를 늦춰서 부패를 제어하고 상태를 안정적으로 유지할 수 있게 해준다.

## ❶ 세균의 수분을 빼앗아 증식을 억제한다.

생선이 부패하는 가장 큰 원인은 세균이다. 세균이 살아서 증식하려면 수분이 풍부한 환경이 필요하다. 그러나 생선살에 소금을 뿌리면 삼투작용이 일어나 생선 표면과 세균 주변의 수분이 이동하여, 세균은 탈수 상태가 된다. 탈수된 세균은 대사 활동이 저하되고 증식이 어려워진다.

## ❷ 미생물과 효소의 활동을 억제한다.

부패는 세균만의 문제가 아니라 생선 속 효소가 단백질과 지방을 분해하면서 일어나는 변화이기도 하다. 소금은 세포 내 효소의 작용 환경에 영향을 주어 이러한 분해 속도를 늦추고, 지방의 산패를 억제해 비린내 생성을 줄인다.

# 어떤 소금을 써야 할까?

숙성에 사용하는 소금은 일반적으로 쓴맛이 없는 천일염이 좋다. 다만 입자가 크거나 단단한 소금은 잘 스며들지 않기 때문에, 입자가 고운 소금을 사용해야 소금이 빠르게 녹아 고르게 퍼지면서 삼투작용이 효과적으로 일어난다.

따라서 가장 좋은 방법은 천일염을 팬에 살짝 볶아 남은 수분을 날린 뒤, 곱게 갈아서 사용하는 것이다. 일반 꽃소금을 사용하는 경우에도 팬에 한 번 볶아 수분을 제거한 뒤, 체에 걸러서 고운 입자만 사용하면 보다 효과적으로 삼투작용을 일으킬 수 있다.

## 생선 숙성용 소금 만드는 방법

**❶** 천일염이나 꽃소금을 팬에 볶아 수분을 날린다.

**❷** 곱게 갈거나 체에 걸러 고운 입자만 준비한다.

**❸** 양념통에 담아서 보관하고 필요할 때 바로 사용한다.

생선에 소금을 뿌릴 때는 망 위에 올려
두는 것이 좋다. 이렇게 하면 빠져나온
수분이 아래로 떨어져 고이지 않는다.

# 물과 소금이 숙성에 미치는 영향

물과 소금은 서로 다른 방식으로 생선의 숙성 속도에 영향을 준다.

생선 근육 속에는 단백질을 분해하는 카텝신 같은 효소와 ATP를 IMP로 전환시키는 효소가 존재한다. 이러한 효소가 제대로 작용하려면 수분이 필요하기 때문에, 살 속에 수분이 충분할수록 효소 반응이 활발하게 일어난다. 그 결과 단백질과 핵산의 분해가 빨라지면서 숙성에 따른 변화도 더욱 빨라진다. 다만, 수분이 많아지면 세균이 자라기 쉬운 환경이 되어 부패 위험도 함께 높아질 수 있다.

소금은 물과는 다른 방식으로 숙성에 영향을 준다. 생선살에 소금을 뿌리면 삼투작용으로 세포 속 수분이 빠져나가면서 단백질 구조가 느슨해지고 근육 조직이 부드러워진다. 이렇게 변화된 조직에서는 효소가 더 쉽게 작용할 수 있어 숙성 속도도 더욱 빨라진다. 동시에 소금은 세균의 증식을 억제하는 효과도 있어 부패 진행을 늦추는 데 도움을 준다. 다만, 염분에 비교적 강한 젖산균이나 효모는 일부 살아남아, 오히려 생선 특유의 풍미를 더해 주기도 한다.

이처럼 물은 효소 반응이 일어나는 환경을 만들어 숙성에 따른 변화를 빠르게 나타나게 하지만, 세균 번식 위험도 함께 높일 수 있다. 반면 소금은 삼투작용과 단백질 구조 변화를 통해 숙성을 돕는 동시에, 세균 증식을 억제해 위생적으로 안전하게 숙성할 수 있다. 이러한 특징 때문에 물과 소금을 함께 사용하는 방법이 바로 소금물을 이용한 숙성이다.

# 소금물 숙성

소금은 물에 녹지만 무한히 녹는 것은 아니다. 예를 들어 물 1ℓ에 소금 1kg을 넣으면 일부는 녹지 않는다. 냄비에 넣고 가열해도 마찬가지다. 일반적으로 소금은 물에 약 36~37% 정도까지만 녹을 수 있으며, 이 양은 물의 온도에 따라 조금씩 달라진다.

이러한 소금물에 생선을 담그면 삼투작용이 일어나 숙성이 빠르게 진행된다. 이를 확인하기 위해 직접 실험을 진행한 적이 있다. 먼저 물 1ℓ에 소금 400g을 넣어 더 이상 녹지 않을 때까지 섞은 뒤, 손질한 생선살을 이 소금물에 60초 정도 담갔다. 그 결과 강한 삼투작용이 일어나면서 생선살이 빠르게 불투명하게 변했다. 활어 상태의 생선살은 비교적 투명하지만 시간이 지나 숙성이 진행되면 점차 흰색으로 불투명해지는데, 소금물에 담그는 과정에서 이 변화가 매우 빠르게 나타난 것이다.

숙성이 지나치게 빠르다고 판단하여 담그는 시간을 30초로 줄였지만 여전히 변화가 빠르게 진행되었다. 이후 소금의 양을 200g, 그리고 50g으로 줄이고 담그는 시간을 15초 정도로 제한하자, 원하는 숙성 속도에 가까운 결과를 얻을 수 있었다.

이 실험을 통해 알 수 있는 것은 소금물의 농도와 담그는 시간을 조절하면 숙성 속도를 어느 정도 조절할 수 있다는 사실이다. 특히 소금물을 이용하면 비교적 짧은 시간 안에도 오래 숙성한 것 같은 효과를 낼 수 있다. 다만, 너무 오래 담가 두면 살이 불 수 있으므로 60초 이내에서 조절하는 것이 좋다.

# 3% 소금물

3% 소금물은 바닷물에 가까운 염도로, 생선을 다룰 때 안정적인 환경을 만들어준다. 숙성, 해동, 세척 등 다양한 과정에서 이 농도가 널리 사용되는 이유는 다음과 같다.

### ❶ 삼투압 균형 유지

바닷물의 염도는 약 3.5%인데, 이와 비슷한 농도인 3% 소금물에 생선을 담그면 세포 안팎의 삼투압이 크게 차이 나지 않기 때문에, 수분이 급격히 빠져나가거나 과도하게 스며드는 현상이 완화된다. 그 결과 생선살이 지나치게 물러지거나 표면이 마르지 않고, 살의 탄력과 수분을 비교적 안정적으로 유지할 수 있다.

만약 소금 농도가 1% 이하로 낮으면, 수분 이동이 충분히 일어나지 않아 살이 쉽게 물러질 수 있다. 또한 염도가 낮은 환경에서는 미생물이 증식하기 쉬워 부패가 빠르게 진행될 가능성이 높다. 반대로 5% 이상으로 높으면, 세포 내 수분이 지나치게 많이 빠져나가 살이 질겨지고 표면이 건조해지기 쉽다. 따라서 3% 소금물은 수분 보존과 살의 탄력 사이에서 균형을 유지하는 가장 적절한 환경이라 할 수 있다.

### ❷ 단백질 변성 방지

소금은 단백질 사이의 전기적 상호작용을 완화하여, 단백질이 지나치게 뭉치거나 단단해지는 것을 막아준다. 생선살을 3% 소금물에 담그면 근육 단백질이 완전히 변성되지 않고 약간 느슨한 구조를 유지하며, 이로 인해 수분을 붙잡는 능력이 유지된다. 그 결과 근육 조직이 적당히 팽윤하여 탄력을 유지하고 숙성 과정에서 발생하는 드립도 줄어들어, 생선살은 탱글하면서도 촉촉한 식감을 유지할 수 있다.

즉, 3% 소금물은 단백질 구조를 안정적으로 유지하여 살의 조직과 수분 상태를 균형 있게 유지해 준다.

### ❸ 세균 억제와 효소 활성의 균형

부패를 일으키는 대부분의 세균은 염도가 2%를 넘으면 성장 속도가 크게 억제된다. 3% 소금물을 사용하면 삼투작용으로 세균 번식이 어려워지는 한편, 숙성에 관여하는 카텝신(Cathepsin)과 같은 단백질 분해 효소는 여전히 활동할 수 있는 환경이 유지된다. 그 결과 세균의 번식은 억제되지만 효소에 의한 숙성 반응은 계속 진행되어, 위생을 유지하면서 감칠맛이 형성되는 숙성이 가능해진다.

❹ **맛과 풍미의 조화**

3% 소금물에 짧은 시간 담그면 염분이 생선살 깊숙이 스며들기보다는 주로 표면에 작용한다. 그래서 짠맛이 지나치게 강해지지 않아 생선 본래의 맛을 해치지 않는다. 또한 3% 농도에서는 생선에 존재하는 단맛 성분인 글리신과 알라닌, 그리고 감칠맛 성분인 이노신산이 서로 균형을 이루어 풍미가 더욱 깊어진다. 숙성이나 해동 과정에서 3% 소금물을 사용하면, 부패 속도가 완만해지고 감칠맛은 더욱 또렷해진다. 그 결과 은은하고 깔끔한 맛과 고유의 풍미가 살아 있는 숙성회를 완성할 수 있다.

3% 소금물은 삼투압 조절, 단백질 안정화, 미생물 억제, 그리고 맛의 균형까지 모두 충족시키는 숙성 환경이다. 이 농도는 단순히 경험에서 비롯된 것이 아니라, 생리적 안정성, 위생적 안전성, 그리고 풍미 보존을 함께 고려하여 형성된 숙성의 과학적 기준이다.

# ◇◇◇◇ 트레할로스 ◇◇◇◇

　트레할로스는 2개의 포도당 분자가 결합된 이당류로, 포도당과 과당이 결합된 설탕(자당)과는 구조적으로 다르다. 트레할로스는 「포도당 + 포도당」의 구조로, 단맛은 설탕의 약 45% 수준으로 부드럽고 순하며, 열 안정성과 수분 보존 능력이 뛰어나다. 이러한 특성 덕분에 트레할로스는 제과·제빵뿐 아니라 냉동식품, 햄, 소시지, 육포, 젤리, 푸딩, 아이스크림 등 다양한 가공식품에 널리 사용된다.

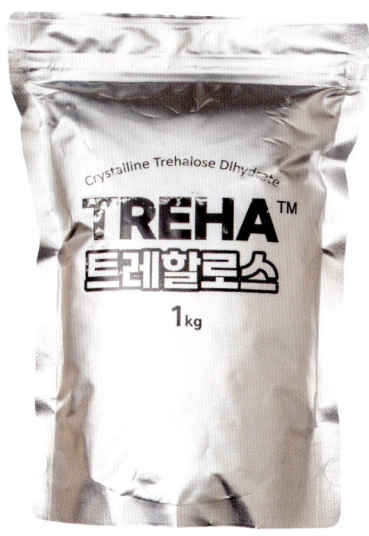

트레할로스는 베이킹 재료 매장이나 온라인 몰에서 쉽게 구할 수 있으며, 트레할로스 또는 일본식 이름인 토레하로 판매된다.

트레할로스는 인체에 무해한 성분으로 평가되며, 미국 식품의약국(FDA)에서 GRAS (Generally Recognized As Safe, 일반적으로 안전하다고 인정된 물질)로 분류되어 있다. 또한 유럽 식품안전청(EFSA)에서도 식품에 사용할 수 있는 안전한 성분으로 인정되고 있다. 다만 과도하게 섭취할 경우 일부 사람에게는 복부 팽만감이나 설사를 유발할 수 있으므로 적정량을 지켜 사용하는 것이 바람직하다. 일반적으로 권장되는 사용 농도는 1~3% 정도이며, 이는 물 1/ 기준 약 10~30g에 해당한다.

## 트레할로스를 숙성에 사용할 수 있을까?

결론부터 말하면, 트레할로스는 생선 숙성에 사용할 수 있으며 실제로 큰 도움이 된다.

트레할로스를 사용하면 살 속 수분과 결합하여 수분 손실을 줄이고, 조리 과정에서도 육질이 쉽게 건조되지 않게 막아준다. 또한 단백질 변성을 억제하여 살이 부드럽고 탄력 있는 식감을 유지하도록 돕는다.

특히 지방이 많은 붉은살생선은 지방 산화로 인해 비린내가 쉽게 발생하는데, 트레할로스는 산화를 억제하여 냄새와 맛의 변질을 늦추는 효과가 있다. 또한 냉동·해동 과정에서 흔히 발생하는 수분과 육즙의 손실도 줄여준다.

트레할로스는 생선뿐 아니라 다양한 식재료에 활용된다. 예를 들어, 편의점 김밥의 밥이 냉장 보관 후에도 쉽게 딱딱해지지 않는 이유는, 밥을 지을 때 트레할로스를 첨가하여 수분을 안정적으로 유지하기 때문이다.

초밥집에서 자주 사용하는 첨가물인 미오라(Miora) 역시 주성분이 트레할로스다. 일본의 제약회사에서 개발한 이 제품은 밥의 촉촉함을 유지하고 은은한 단맛을 더하며, 단백질 변성을 억제하고 잡내를 줄여주는 효과가 있다. 현재 일본뿐 아니라 한국의 많은 초밥집에서도 널리 사용되고 있다.

## 트레할로스의 역할

트레할로스는 수분 유지, 단백질 보호, 산화 억제 등 다양한 작용을 통해 생선의 상태 변화를 완화한다. 이러한 특성 덕분에 숙성은 물론 냉동이나 조리 과정에서도 생선의 풍미와 식감을 보다 안정적으로 유지할 수 있다.

**❶ 수분 유지 및 조직 안정화**

트레할로스는 생선살 속 수분과 결합하여 수분 손실을 줄여준다. 그 결과 숙성이나 조리 과정에서도 살이 쉽게 건조되지 않고 촉촉한 육질을 유지할 수 있다.

**❷ 단백질 보호**

생선 단백질은 열, 산소, 효소의 작용에 의해 쉽게 변성된다. 트레할로스는 이러한 변성을 억제하고 단백질 구조를 안정화하는 역할을 한다. 그 결과 육질이 부드럽게 유지되며, 해동이나 조리 후에도 탄력 있는 식감을 유지할 수 있다.

**❸ 산화 방지 및 저장 안정성 향상**

트레할로스는 지방이 많은 생선, 예를 들어 고등어나 방어 같은 어종의 지방 산화를 억제하는 데 효과적이다. 지방 산화는 비린내와 맛의 변질을 일으키는 주요 원인인데, 이 과정을 늦춤으로써 냄새를 줄이고 풍미를 더 오래 유지할 수 있다. 냉동이나 숙성, 장기 보관의 경우에도 생선의 품질을 안정적으로 유지하는 데 도움이 된다.

**❹ 맛과 감칠맛 유지**

트레할로스는 단맛이 강하지 않아 생선 고유의 맛을 해치지 않는다. 또한 단백질과 지방의 산화로 인해 발생할 수 있는 쓴맛이나 비린내를 줄여 감칠맛을 잘 느낄 수 있게 해준다.

**❺ 냉동 생선의 품질 개선**

냉동 과정에서 형성되는 얼음 결정의 성장을 억제하여 근섬유 손상을 줄여준다. 그 결과 해동 후에도 생선살이 쉽게 무너지지 않고 부드럽고 탄력 있는 식감을 유지할 수 있다.

## 트레할로스 가루로 숙성하는 방법

트레할로스는 소금처럼 가루 형태로 생선살에 직접 사용할 수 있으며, 소금과 섞거나 단독으로 사용하는 것도 가능하다. 트레할로스를 생선살에 뿌리면 삼투작용으로 인해 숙성이 더 빨라진다.

일반적으로 생선살 무게의 약 2~3% 수준에서 사용하면, 단맛이 거의 느껴지지 않아 생선 본연의 맛을 해치지 않는다. 생선살 100g 기준 약 2~3g 정도를 골고루 뿌려 사용하며, 고등어나 방어처럼 지방이 많은 어종의 경우에는 지방 산화를 늦추기 위해 4~5%까지 사용하기도 한다. 트레할로스는 비교적 안전한 성분이지만 과도하게 사용하면 생선 고유의 맛을 흐릴 수 있다. 따라서 여러 차례 시험하여 어종과 숙성 환경에 맞는 적정 사용량을 찾는 것이 중요하다.

트레할로스를 뿌리면 삼투작용으로 표면에 수분이 맺히므로, 키친타월로 살짝 닦아낸다.

## 트레할로스 + 소금물로 숙성하는 방법

트레할로스를 섞은 소금물은 생선의 수분을 안정적으로 유지하고, 지방의 산화를 늦추는 데 도움이 된다. 이를 활용하면 생선의 신선도를 더 오래 유지할 수 있다.

### ❶ 준비
물 1ℓ에 소금 20g과 트레할로스 30g을 넣고 완전히 녹인다.

## ❷ 숙성

트레할로스를 넣은 소금물에 손질한 생선을 1분 이내로 담가둔다. 오래 담가두면 살이 지나치게 단단해지거나, 수분을 흡수하여 식감이 변할 수 있으므로 주의한다.

차가운 물 1 ℓ 에 트레할로스 30g과 소금 20g을 녹인 뒤, 생선살을 담가서 숙성한다. 담그는 시간은 1분을 넘기지 않는다.

## ❸ 효과

소금은 삼투압 작용으로 생선살의 조직을 적당히 단단하게 만들어준다. 트레할로스는 수분을 보존하고 지방 산화를 억제하여 신선도와 풍미 유지에 도움이 된다.

## ❹ 마무리

숙성이 끝나면 생선살을 꺼내서 표면을 찬물로 살짝 헹군 뒤, 키친타월로 물기를 닦아내고 사용한다.

# 여러 가지 트레할로스 활용법

트레할로스를 넣은 소금물은 다양한 수산물에 활용할 수 있다. 특히 연어와 단새우처럼 붉은빛을 띤 재료에 사용하면, 선홍색을 오래 유지할 수 있어 색감과 신선도를 동시에 관리할 수 있다. 또한, 살결을 부드럽고 촉촉하게 유지시켜서, 숙성 과정에서 마르거나 푸석해지는 현상을 줄여준다.

트레할로스는 붉은살생선뿐 아니라 흰살생선에도 효과적으로 사용할 수 있으며, 어패류를 포함한 대부분의 수산물에 사용이 가능하다. 트레할로스는 숙성 과정에서 색과 식감을 동시에 관리할 수 있는 강력한 도구라 할 수 있다.

● **트레할로스의 주요 효과**

| 어종 | 주요 효과 | 주의점 |
|---|---|---|
| **연어, 단새우** | 붉은 선홍색을 오래 유지하고 촉촉한 식감을 유지 | 오래 담가두면 색이 탁해지거나 살이 단단해질 수 있다. 또한 담그는 시간이 길어질수록 숙성이 더 빨라진다. |
| **광어, 참돔(흰살생선)** | 수분을 보존하여 마르거나 푸석해지는 것을 방지 | |
| **고등어, 방어(붉은살생선)** | 지방 산화를 늦추고 비린내 완화 | |
| **조개·갑각류(전복, 새우 등)** | 수분을 보존하고 단맛을 살림 | |

숙성의 기술

# 숙성 방법

숙성이란 재료의 상태를 읽고 그 변화를 설계하는 기술이다. 같은 생선이라도 어떤 방법으로 숙성하느냐에 따라 식감, 향, 감칠맛의 방향은 전혀 다른 결과로 나타난다.

숙성 방법은 크게 4가지로 나눌 수 있다. 습식 숙성은 생선을 진공 포장한 뒤 그대로 또는 얼음물에 담가 냉장하여, 수분과 산소가 차단된 환경에서 숙성하는 방법이다. 건식 숙성은 생선을 공기에 노출한 상태로 냉장하여, 수분이 서서히 빠지면서 풍미를 응축시키는 방법이다. 또한 혼합 숙성은 이 2가지 방법을 조합하여 보다 정교한 결과를 만드는 방법이며, 빙장 숙성은 진공 포장한 생선이나 원물 생선을 소금을 넣은 얼음물에 담가서 어는점 이하의 저온 환경에서 숙성시키는 방법이다.

숙성을 이해한다는 것은 단순히 기술을 외우는 것이 아니라, 재료가 어떤 조건에서 어떻게 변하는지를 아는 일이다. 이제 각각의 숙성 방법이 만들어내는 환경과 그에 따른 결과를 자세히 살펴보자.

● 숙성 방법별 특징

| | 습식 숙성<br>(Wet Aging) | 건식 숙성<br>(Dry Aging) | 혼합 숙성<br>(Mixed Aging) | 빙장 숙성<br>(Ice Slurry Aging) |
|---|---|---|---|---|
| 방법 | 진공 포장 후 그대로 냉장하거나, 얼음물에 담근 뒤 냉장하여 숙성 | 공기에 노출한 상태로 간냉식 또는 숙성 전용 냉장고에서 숙성 | 습식 숙성 후 사용 직전에 건식으로 전환 | 소금을 넣은 얼음물에 담가, 어는점 이하에서 숙성 |
| 온도 관리 | 냉장고 내부 온도 변동 가능, 얼음물에 담그면 안정적인 온도 유지 가능 | 온도·습도 조절이 가능한 숙성 전용 냉장고가 이상적 | 습식 단계(얼음물 침수)에서는 안정적, 건식 단계에서는 세밀한 조절 가능 | 매우 낮은 온도를 안정적으로 유지 가능 |
| 수분 관리 | 수분 보존이 잘되어, 장기 숙성에 유리 | 수분 증발 정도에 따라 숙성 속도 조절 | 초기에는 수분 유지, 이후에는 수분 제거 | 수분 보존이 잘되어 건조가 적음 |
| 지방 보존 | 표면의 수분 제거 과정에서 지방 일부 손실 가능 | 수분은 줄이고 지방의 풍미는 유지 | 습식 숙성 후 지방은 보존하면서, 추가로 나오는 수분만 제거 | 표면의 수분 제거 과정에서 지방 일부 손실 가능 |
| 장점 | 보관이 간편하고 장기 숙성에 적합 | 수분 조절로 숙성 정도를 정밀하게 조절 가능 | 2가지 방법의 장점을 결합하여 가장 정교한 숙성 가능 | 낮은 온도로 부패 위험을 줄이고 신선도 유지 |
| 단점 | 수분이 많으면 잡내가 나거나 품질 저하 | 전용 장비가 필요하고 관리가 까다로움 | 관리 과정이 복잡 | 소금 농도와 얼음 관리가 중요 |

# ◇◇◇◇ 습식 숙성 ◇◇◇◇

습식 숙성(Wet Aging)은 생선이 지닌 수분을 최대한 보존한 상태에서 숙성을 진행하는 방식으로, 가장 널리 사용되는 숙성 방법이다. 보관이 비교적 쉽고 장기 숙성이 가능하지만, 수분 관리에 유의해야 한다. 숙성은 결국 「수분의 균형」을 어떻게 잡느냐의 문제이며, 수분을 어떻게 통제하고 설계하느냐에 따라 결과는 크게 달라진다.

습식 숙성은 크게 2가지로 나눌 수 있다.

- 생선을 진공 포장한 뒤 냉장고에 보관하는 방법.
- 생선을 진공 포장한 뒤 차가운 얼음물에 담가 냉장고에 보관하는 방법.

2가지 방법의 가장 큰 차이는 온도를 안정적으로 유지하는 데 있다. 진공 포장한 생선을 그대로 냉장고에 보관할 경우, 문을 여닫을 때마다 내부 온도가 변하기 때문에 온도를 일정하게 유지하기 어렵다. 반면 얼음물에 담가서 냉장하는 방식은 외부 환경의 영향을 덜 받아, 보다 안정적으로 저온을 유지할 수 있다. 따라서 그대로 냉장고에 보관하는 방법은 단기 숙성에 적합하고, 장기 숙성을 원한다면 얼음물에 담가 냉장 보관하는 방식이 더 유리하다.

## 습식 숙성

**❶ 생선을 손질한다.**

피를 빼고 비늘을 벗긴 뒤, 내장과 아가미를 제거하고 물로 깨끗하게 씻는다.

※ 자세한 손질 방법은 <PART 7 생선 손질> 참조.

**❷ 물기를 제거한다.**

키친타월로 생선의 표면과 내장이 있던 부위를 꼼꼼히 닦아 물기를 제거한다.

**❸ 진공 포장을 한다.**

내장이 있던 부위에 남아 있는 혈액과 수분을 흡수하도록 키친타월을 채운다. 해동지로 감싼 뒤, 그린 파치(방습지)로 1번 더 감싸서 진공 포장한다.

**❹ 숙성 방식을 선택한다.**

- 냉장 숙성(2~4℃) : 랩으로 감싸거나 진공 포장한 상태로 냉장고에 넣고 숙성한다.

- 침수 숙성(1~2℃) : 진공 포장한 생선을 얼음물에 담가 냉장고에 넣고 숙성한다. 물이 스며들지 않도록 완전히 밀봉된 상태를 유지해야 한다.

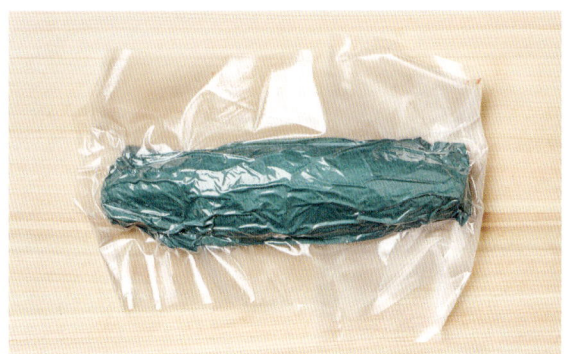

습식 숙성은 생선을 진공 포장한 뒤 냉장고에 넣고 숙성한다. 이때 진공 포장한 생선을 얼음물에 담가서 냉장 보관하면, 온도가 안정적으로 유지되어 숙성 속도가 좀 더 늦어진다.

# 냉장고 숙성

냉장고 숙성은 문을 여닫을 때마다 내부 온도가 변하기 때문에 일정한 온도를 유지하기 어렵다. 온도가 안정되지 않으면 숙성 속도 역시 영향을 받는데, 일반적으로 낮은 온도에서는 숙성이 느리게 진행되고, 높은 온도에서는 빠르게 진행된다. 숙성이란 본질적으로 부패로 향하는 과정에서 이루어지며, 온도는 그 과정이 얼마나 빠르고 안전하게 진행될지를 결정하는 가장 직접적인 변수다.

이러한 특성 때문에 냉장고 숙성은 장기 숙성보다는 1~2일 정도의 단기 숙성에 더 적합하다. 3일 이상 장기 숙성도 가능하지만, 잦은 온도 변화로 숙성이 빨라져 살이 쉽게 물러질 수 있다. 따라서 냉장고 숙성은 짧은 기간 안에 맛과 식감을 확보하는 데 알맞은 방법이다.

# 얼음물 침수 숙성

얼음물 침수 숙성(워터에이징)은 아이스박스에 물과 얼음을 채운 뒤, 진공 포장한 생선을 그 안에 넣고 냉장고에서 숙성하는 방법이다. 시간이 지나면 아이스박스 안에 있는 얼음이 녹기 시작하는데, 물의 온도가 1℃ 정도가 되면 빨리 녹지 않고 천천히 녹으면서 물의 온도가 일정하게 유지된다. 아이스 아메리카노를 마실 때 처음에는 얼음이 빨리 녹지만, 일정 온도 이하로 내려가면 얼음이 천천히 녹는 것과 같은 원리다.

이후 시간이 지나 얼음이 완전히 녹으면 온도가 올라가기 시작하는데, 다 녹기 전에 얼음을 보충하면 1℃ 정도로 온도를 유지할 수 있다.

얼음물 침수 숙성의 가장 큰 장점은 온도의 안정성에 있다. 냉장고 문을 여닫아도 물 자체가 완충 작용을 하여 온도가 쉽게 변하지 않기 때문에, 물속에 있는 생선은 일정한 환경에서 숙성된다. 덕분에 냉장고 숙성과 달리 장기 숙성이 가능하며, 보다 안정적이고 균일한 결과를 얻을 수 있다.

# 직냉식 냉장고와 간냉식 냉장고

직냉식 냉장고와 간냉식 냉장고는 겉으로 보기에 큰 차이가 없지만, 냉각 방식이 달라 생선 숙성에서 서로 다른 결과를 가져온다.

직냉식 냉장고는 냉기를 직접 내부로 전달하는 구조다. 소음이 적고 전력 소모가 적다는 장점이 있지만, 내부에 결로가 생겨 습도가 높아지기 쉽다는 단점이 있다. 숙성은 본질적으로 수분 관리가 중요한데, 냉장고 내부의 습도가 높으면 미생물의 활동이 활발해질 수 있다. 그 결과 숙성 속도가 필요 이상 빨라지고 전체 과정의 조절도 어려워질 수 있다.

반면, 간냉식 냉장고는 팬을 이용하여 냉기를 순환시키는 방식이다. 덕분에 결로가 생기지 않고 내부가 건조하게 유지된다. 팬이 냉장고 내부의 습기를 말려주기 때문에 생선 숙성에 더 적합하다. 실제로 생선 숙성 전용 냉장고는 모두 간냉식으로 제작되며, 이러한 전용 냉장고를 사용하면 보다 안정적으로 숙성을 관리할 수 있다.

# ⬦⬦⬦⬦ 건식 숙성 ⬦⬦⬦⬦

　건식 숙성(Dry Aging)은 생선을 공기에 노출한 상태(누드 상태)로 냉장고에 넣고 숙성시키는 방법이다. 숙성 전용 냉장고를 사용하는 것이 가장 이상적이지만, 여건이 되지 않는다면 간냉식 냉장고에서도 어느 정도 구현이 가능하다. 다만 온도·습도·풍량을 모두 조절할 수 있는 숙성 전용 냉장고를 사용하면, 숙성 과정을 보다 정밀하게 안정적으로 관리할 수 있다. 반면 직냉식 냉장고는 내부 결로로 인해 습도가 높아지기 쉬워서 생선 숙성에는 적합하지 않다.

　건식 숙성의 가장 큰 장점은 수분을 조절할 수 있다는 점이다. 생선의 숙성 속도는 수분 함량의 영향을 크게 받는데, 수분이 많으면 숙성이 빠르게 진행되고 수분이 적으면 상대적으로 느리게 진행된다. 또한 수분이 지나치게 부족한 환경에서는 효소 작용이 원활하게 이루어지지 않아, 숙성에 필요한 변화가 충분히 일어나기 어렵다. 따라서 적절한 수분과 온도의 균형이 유지될 때 비로소 안정적인 숙성이 이루어지고, 풍미가 좋은 숙성회를 완성할 수 있다. 습식 숙성은 이러한 수분 조절이 어렵지만, 건식 숙성은 수분 변화를 보다 세밀하게 관리할 수 있다는 것이 장점이다.

　일반적으로 생선은 자체적으로 많은 수분을 지니고 있으며, 습식 숙성에서는 이를 조절하기 위해 키친타월을 사용하여 표면의 수분을 제거한다. 그러나 이 과정에서 수분뿐 아니라 맛의 핵심인 지방 성분까지 함께 제거될 수 있다. 생선의 지방은 풍미와 감칠맛을 형성하는 중요한 요소이다.

반면 건식 숙성은 표면을 닦아내는 것이 아니라, 공기 중에서 자연스럽게 건조시키며 수분을 서서히 증발시킨다. 이 과정에서 수분은 점점 감소하지만 지방 성분은 유지된다.

## 건식 숙성

**❶ 생선을 손질한다.**

피를 빼고 비늘을 벗긴 뒤, 내장과 아가미를 제거하고 물로 깨끗하게 씻는다.

※ 자세한 손질 방법은 <PART 7 생선 손질> 참조.

**❷ 물기를 제거한다.**

키친타월로 생선의 표면과 내장이 있던 부위를 꼼꼼히 닦아 물기를 제거한다.

**❸ 숙성 전용 냉장고에 거꾸로 매달아 숙성한다.**

생선을 거꾸로 매달면 바닥에 닿지 않아 공기가 표면에 골고루 닿고, 생선 전체의 온도도 고르게 유지된다. 또한 수분도 균일하게 증발하여 안정적인 숙성이 가능하다.

습식 숙성과 건식 숙성의 가장 큰 차이는 수분 관리 방법에 있다. 습식 숙성은 생선이 가진 수분을 그대로 유지한 채 진행하는 방법이며, 건식 숙성은 공기 중에서 수분을 조금씩 증발시키면서 진행하는 방법이다.

어느 쪽이 더 좋다고 단정할 수는 없다. 생선의 상태, 목표하는 식감과 풍미, 그리고 사용 목적에 따라 적합한 숙성 방법은 달라질 수 있기 때문이다. 상황과 목적에 맞는 방법을 선택하는 것이 중요하다.

생선의 비늘을 벗긴 뒤, 내장과 아가미를 제거하고 깨끗이 씻는다. 피를 충분히 뺀 뒤 물기를 닦고, 사진처럼 생선을 포장하지 않은 누드 상태로 숙성 전용 냉장고에 거꾸로 매달아 건식 숙성한다.

생참치를 건식 숙성 방법으로
2일 동안 숙성한 모습.

# 숙성 전용 냉장고

앞에서 설명한 것처럼 직냉식 냉장고는 내부에 결로가 발생하여 습도가 높아지기 쉬우므로, 숙성이 안정적으로 이루어지기 어렵다. 반면 간냉식 냉장고는 팬을 통해 냉기를 순환시키는 구조로, 내부의 수분이 비교적 빠르게 제거되어 생선 숙성에 적합하다. 그러나 이 방식에도 한계가 있다. 일반적인 간냉식 냉장고는 습도를 조절하는 기능이 없어 정밀한 습도 관리가 어렵기 때문이다. 따라서 건식 숙성을 장기간 진행할 경우, 수분이 과도하게 증발하여 생선이 지나치게 건조될 수 있다.

생선을 안정적으로 숙성하기 위해서는 적절한 습도를 유지하는 것이 중요하다. 습도가 지나치게 높으면 미생물 활동이 활발해져 부패가 빨라질 수 있고, 반대로 지나치게 낮으면 생선살이 단단해져 식감이 저하된다.

이에 비해 숙성 전용 냉장고는 온도, 풍량, 습도를 모두 조절할 수 있는 냉장고이다. 특히 습도 조절 기능은 숙성 환경을 안정적으로 유지하는 데 중요한 요소이다. 지나친 건조를 방지하면서 미생물 증식을 억제할 수 있어, 보다 안정적인 조건에서 생선을 숙성할 수 있다.

# ⬦⬦⬦ 혼합 숙성 ⬦⬦⬦

　내가 생각하는 가장 이상적인 숙성 방법은 혼합 숙성(Mixed Aging)이다. 이름 그대로 습식 숙성과 건식 숙성을 혼합한 방법으로, 먼저 수분을 유지한 상태에서 숙성을 진행한 뒤, 사용 직전에 건식 숙성으로 표면의 수분을 조절하는 방법이다.

　예를 들어, 흰살생선은 기본적으로 수분이 많다. 이런 경우 생선을 손질하여 진공 포장한 뒤 냉장고에 넣거나 얼음물에 담가서 냉장고에 넣는 습식 숙성을 먼저 진행한다. 습식 숙성이 끝난 뒤에는 해체하여 뼈와 살을 분리하고, 추가로 건식 숙성을 진행한다. 이 과정을 통해 과도한 수분은 제거되고, 맛의 핵심인 지방은 유지된다. 여기에 소금을 활용하여 삼투작용을 유도하면 수분이 추가로 빠져나가고, 부드러워진 살은 다시 탄력 있는 식감을 회복한다.

　즉, 혼합 숙성은 습식 숙성으로 감칠맛을 충분히 끌어올린 뒤, 건식 숙성과 소금을 활용하여 식감을 보완하고 맛을 농축 및 정리하는 방식이다. 장기 숙성 과정에서 효소 작용과 단백질 분해로 인해 식감이 풀어지더라도, 혼합 숙성은 이를 효과적으로 보정해준다.

　이 방법은 광어, 참돔, 농어 같은 흰살생선에 적용했을 때 특히 좋은 결과를 얻을 수 있다. 현장에서도 가장 널리 활용되는 방식이며, 맛과 식감의 균형을 동시에 구현할 수 있다는 점에서 매우 유용하다.

## 혼합 숙성

**❶ 생선을 손질한다.**

피를 빼고 비늘을 벗긴 뒤, 내장과 아가미를 제거하고 물로 깨끗하게 씻는다.

※ 자세한 손질 방법은 <PART 7 생선 손질> 참조.

**❷ 물기를 제거한다.**

키친타월로 생선의 표면과 내장이 있던 부위를 꼼꼼히 닦아 물기를 제거한다.

**❸ 진공 포장을 한다.**

내장이 있던 부위에 남아 있는 혈액과 수분을 흡수하도록 키친타월을 채운다. 해동지로 감싼 뒤, 그린 파치(방습지)로 1번 더 감싸서 진공 포장한다.

**❹ 습식 숙성을 진행한다.**

진공 포장한 생선을 그대로 냉장고(2~3℃)에 넣거나, 얼음물(1~2℃)에 담가서 냉장고에 넣고 숙성한다.

**❺ 뼈와 살을 분리하고 소금을 뿌려 수분을 빼낸다.**

숙성이 끝나면 해체하여 뼈와 살을 분리한 뒤, 살쪽에 소금을 뿌려서 삼투작용으로 수분을 제거한다. 빠져나온 수분은 닦지 않아도 되지만, 필요할 경우 키친타월로 살짝 눌러서 제거한다. 물로는 닦으면 안 된다.

**❻ 건식 숙성으로 수분을 날려준다.**

트레이에 망을 깔고 3장뜨기한 생선살을 껍질이 아래로 가도록 올린 뒤, 간냉식 냉장고나 숙성 전용 냉장고에 넣고 건식으로 숙성한다. 종류에 따라 차이가 있지만, 4~5시간 정도 수분을 날리는 것이 적당하다.

위의 방법으로 혼합 숙성을 진행하면 소금의 삼투작용으로 수분 균형을 조절하고, 이어서 건식 숙성을 통해 표면의 수분을 정리하여, 보다 단단하고 안정적인 식감을 완성할 수 있다. 소금과 건식 숙성은 마치 타임머신처럼 숙성을 통해 풀어진 생선살의 탄력을 되살리는 효과가 있다.

손질을 마친 생선은 진공 포장한 뒤
습식 숙성을 진행한다.

숙성이 끝나면 해체하여 뼈와 살을 분
리한 뒤 소금을 뿌리고, 이때 빠져나
온 수분은 키친타월로 살짝 닦아낸다.

노출된 상태 그대로 생선살을 망 위
에 올려, 수분이 고이지 않게 한다. 간
냉식 냉장고 또는 숙성 전용 냉장고에
넣고, 표면에 남아 있는 수분을 증발
시키면서 건식 숙성을 진행한다.

# 5

# ◇◇◇◇  빙장 숙성  ◇◇◇◇

물에 얼음을 넣으면 얼음이 녹기 시작하지만, 물의 온도가 1℃ 정도가 되면 빨리 녹지 않고 천천히 녹으면서 물의 온도가 일정하게 유지된다. 앞에서 설명한 습식 숙성의 얼음물 침수 숙성은 이러한 원리를 이용한 숙성 방법이다. 빙장 숙성(Ice Slurry Aging)은 얼음물 침수 숙성과 유사하지만 온도 조건에 차이가 있다.

일반적인 얼음물의 온도는 보통 1~2℃ 정도이지만, 소금을 넣으면 상황이 달라진다. 소금이 물의 어는점을 낮추는 어는점내림(Freezing Point Depression) 현상을 일으키기 때문이다.

원래 물은 0℃에서 얼기 시작하지만, 소금을 섞으면 0℃보다 더 낮은 온도에서 얼기 시작한다. 소금물의 어는점은 소금의 농도에 따라 달라지며, 농도가 높을수록 어는점이 낮아진다. 따라서 얼음물에 소금을 넣으면 일반적인 얼음물보다 더 낮은 온도를 만들 수 있다.

일상에서도 이 원리는 자주 활용된다. 가장 대표적인 예가 아이스크림을 만들 때다. 얼음물만으로는 보통 0℃ 정도로 온도가 유지되지만, 여기에 소금을 섞으면 어는점이 낮아지면서 -10℃ 정도까지 온도를 떨어뜨릴 수 있다. 이렇게 낮아진 온도를 이용하면 아이스크림을 빠르게 얼릴 수 있다.

또 다른 예는 겨울철 도로 관리다. 눈이나 비가 내려 도로가 얼면 소금을 뿌려 물의 어는점을 낮춘다. 그러면 물이 0℃보다 더 낮은 온도에서 얼게 되어, 이미 생긴 얼음을 녹이거나 추가적인 결빙을 막아주는 효과가 있다.

얼음을 넣은 소금물은 일반적인 얼음물보다 훨씬 강한 냉각 효과를 만들어낸다. 바로 이 원리를 이용한 것이 빙장 숙성이다. 얼음물 침수 숙성과 비슷한 방식이지만, 소금을 사용하여 더 낮은 온도를 유지하면서 생선을 안정적으로 숙성할 수 있다.

● 소금 농도에 따른 얼음물의 온도 변화

| 소금 농도(중량%) | 어는점(℃) | 만드는 방법 |
|---|---|---|
| 0%(순수한 물) | 0℃ | |
| 1% | 약 - 0.6 ℃ | 물 1ℓ + 소금 10g |
| 3.5%(바닷물) | 약 - 2 ℃ | 물 1ℓ + 소금 35g |
| 10% | 약 - 6 ℃ | 물 1ℓ + 소금 100g |
| 20% | 약 - 16 ℃ | 물 1ℓ + 소금 200g |
| 23.3% | 약 - 21 ℃ | 물 1ℓ + 소금 233g |

※ 표의 수치는 근사치이며, 소금 농도와 종류에 따라 조금씩 차이가 발생할 수 있다.
　정확한 염도 관리를 위해서는 염도계를 활용하는 것이 좋다.

# 빙장 숙성 방법

얼음물 침수 숙성은 냉장고 숙성에 비해 온도가 더 낮고, 외부 환경의 영향을 덜 받는 안정성이 장점이다. 빙장 숙성은 이러한 얼음물 침수 숙성의 장점을 한층 더 강화한 방법이다. 얼음물에 소금을 더해 어는점을 낮춤으로써 일반 얼음물보다 더 낮고 일정한 온도를 유지하여, 생선을 더 안정적인 환경에서 숙성시키고 맛과 식감을 최적의 상태로 완성하는 것이다.

즉, 빙장 숙성은 얼음물 숙성의 효과를 극대화한 숙성 방법이라 할 수 있다.

하지만 빙장 숙성을 제대로 진행하기 위해서는 소금의 농도를 정확히 맞추는 것이 중요하다. 소금 농도가 적합하지 않으면 생선이 얼어버릴 수 있으며, 이는 숙성 과정에 악영향을 미친다. 빙장 숙성에서는 적절한 소금 농도와 온도 관리가 무엇보다 중요하다.

## 빙장 숙성

**❶ 아이스박스를 준비한다.**

아이스박스는 내부 온도를 안정적으로 유지하는 역할을 하기 때문에, 한여름에도 쉽게 얼음이 녹지 않고 오랜 시간 일정한 상태를 유지할 수 있다.

**❷ 소금물을 준비한다.**

물 1ℓ 기준 소금 35g을 넣어 약 3~3.5% 농도의 소금물을 만든다. 이때 소금 농도가 5%를 넘어가면 물 자체는 얼지 않지만, 물속 생선이 얼 수 있으므로 주의한다.

**❸ 소금물과 얼음을 아이스박스에 넣는다.**

아이스박스에 소금물을 붓고 그 위에 얼음을 채운다. 아이스박스 안의 물 온도는 -1℃~-2℃ 정도로 내려간다. 시간이 지나면 얼음이 녹기 시작하는데, 얼음이 모두 녹기 전에 계속 보충해 주어야 온도가 안정적으로 유지된다.

**❹ 생선을 넣어서 숙성한다.**

손질이 끝난 생선은 물이 흡수되지 않도록 반드시 진공 포장한 뒤 숙성한다. 손질하지 않은 원물 상태의 생선은 자연보호막이 있기 때문에 포장하지 않아도 된다.

빙장 숙성은 매우 효과적인 생선 숙성 방법이다. 소금을 사용하여 어는점을 낮추면, 생선의 사후경직 진행과 숙성 속도를 최대한 늦출 수 있다. 그만큼 숙성 과정에서 선택할 수 있는 식감과 풍미의 폭도 넓어진다. 단순히 시간을 늘리는 것이 아니라, 숙성의 가능성을 확장하는 과정이라 할 수 있다.

그러나 주의할 점도 있다. 소금 농도를 잘못 맞추면, 생선이 숙성되기 전에 얼어버릴 수 있다. 따라서 소금물의 염도가 3~3.5%를 넘지 않도록 조절하는 것이 무엇보다 중요하다. 안정적인 온도 관리와 적절한 염도 유지가 빙장 숙성의 성패를 가르는 핵심이다.

**손질한 생선을 빙장 숙성하는 모습**
손질한 생선을 깨끗이 씻고 물기를 닦
는다. 내장이 있던 부위에 키친타월을
채운 뒤 해동지와 그린 파치로 감싸서
진공 포장한다. 얼음을 넣은 소금물에
담가 빙장 숙성을 진행한다.

**원물 상태의 생선을
빙장 숙성하는 모습**
손질하지 않은 원물 상태의 생선을 그
대로 빙장 숙성할 때는, 상처가 나지
않도록 주의해야 한다. 상처가 생기면
그 부분으로 물이 스며들기 때문이다.
내장도 제거하지 않고, 얼음을 넣은 소
금물에 담가 빙장 숙성을 진행한다.

# 빙장 숙성과 고래회충

고등어의 내장과 아가미에는 고래회충이 서식한다. 평소에는 주로 내장 속에 머물지만,
드물게 살 속으로 파고드는 경우도 있다. 그렇기 때문에 숙성회를 다루는 사람이라면 한 번
쯤 「빙장 숙성을 할 때 고래회충이 얼마나 오래 살아남을까?」 라는 의문을 품게 된다. 이러
한 궁금증을 해결하기 위해 직접 실험을 진행하였다.

실험에 사용한 고등어는 제주산 800~900g급으로, 잡은 지 3일째 되는 날 생선을 받아 즉
시 얼음과 바닷물을 섞어서 만든 약 -2℃ 환경에서 빙장 숙성을 진행하였다. 이 환경은 신선

도를 유지하는 데 효과적일 뿐 아니라, 고래회충의 생존 여부를 관찰하기에도 적합하다.

빙장 숙성 중 고래회충의 생존율을 관찰한 결과는 다음과 같다.

- 24시간 경과 — 고래회충의 약 90% 이상이 생존.
- 48시간 경과 — 고래회충의 약 50%가 생존.
- 72시간 경과 — 고래회충이 약 20% 수준으로 감소.
- 96시간 경과 — 대부분의 고래회충이 죽고, 살아 있는 개체가 거의 없음.

이 실험 결과에 의하면 고래회충은 빙장 환경에서도 최소 2~3일 동안 생존할 수 있다. 고래회충은 영하의 온도에도 상당한 내성이 있어, 빙장 숙성 초기 단계에서는 여전히 살아 있을 가능성이 크다. 따라서 빙장 숙성은 생선살의 맛을 안정시키는 과정일 뿐, 고래회충을 완전히 제거하는 방법은 아니다. 내장과 아가미는 즉시 제거하고 숙성 전 손질 과정에서 고래회충이 남아 있지 않은지 살 속까지 꼼꼼히 확인해야 한다. 숙성 작업에서는 위생과 안전 관리가 무엇보다 중요하다.

약 72시간 동안 빙장 숙성한 고등어의 내장에서 발견된 고래회충. 사진으로는 움직임이 확인되지 않지만, 전체 개체 중 약 20%가 생존하여 움직이고 있다.

# ◇◇◇◇ 단기 숙성과 장기 숙성 ◇◇◇◇

　높은 온도에서 2일 동안 숙성한 생선의 상태를 A라 할 때, 낮은 온도에서 동일한 상태 A에 도달하기 위해서는 4일이 걸릴 수도 있다. 그러나 차이는 단순히 걸리는 시간의 길이에만 있지 않다. 예를 들어, 높은 온도에서 2일 동안 숙성하는 과정이 10단계의 변화로 이루어진다고 가정하면, 낮은 온도에서 4일 동안 숙성하는 과정은 10단계 이상의 변화를 거친다. 단계를 많이 거친다는 것은 곧 맛과 식감의 변화가 더 세밀하게 축적된다는 의미다. 10단계에서 형성된 식감과 풍미보다 20단계에서 형성되는 식감과 풍미가 더 다채롭고 깊을 수 있다는 것이다.

　단기 숙성은 상대적으로 높은 온도(3~4도)에서 빠르게 숙성하는 것이므로, 빠른 숙성은 곧 빠른 부패로 이어진다. 반대로 장기 숙성은 낮은 온도(1~2도)에서 길게 숙성하는 만큼, 깊은 풍미와 쫄깃한 식감을 좀 더 확보할 수 있어 더 우수한 결과를 만들 수 있다.

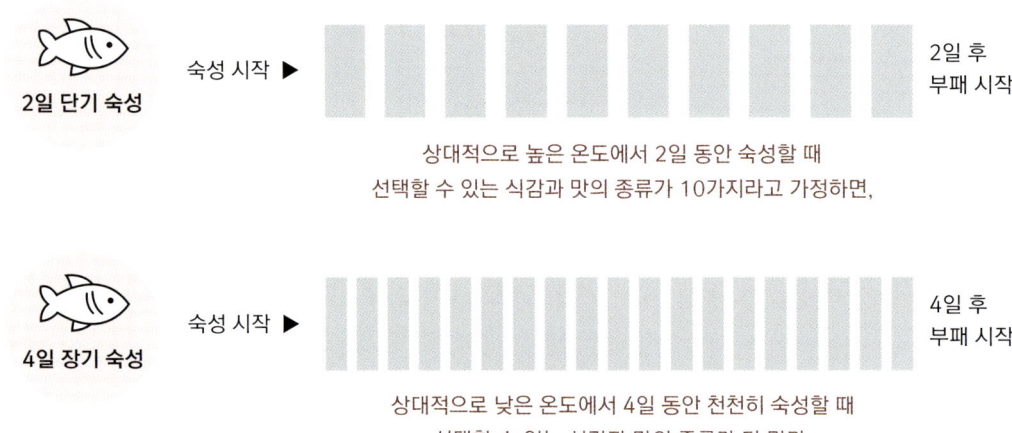

**2일 단기 숙성**

숙성 시작 ▶

2일 후
부패 시작

상대적으로 높은 온도에서 2일 동안 숙성할 때
선택할 수 있는 식감과 맛의 종류가 10가지라고 가정하면,

**4일 장기 숙성**

숙성 시작 ▶

4일 후
부패 시작

상대적으로 낮은 온도에서 4일 동안 천천히 숙성할 때
선택할 수 있는 식감과 맛의 종류가 더 많다.

**즉, 낮은 온도에서 장기 숙성을 하면 선택할 수 있는 식감과 맛의 종류가 더 다양해진다.**

# 장기 숙성의 필요성과 방법

생선 숙성은 사용 시점에 따라 방식이 달라지지만, 언제 사용할지 명확하지 않을 때는 장기 숙성 방식이 적합하다.

숙성이 덜 된 것은 어느 정도 보완할 수 있지만, 과숙성은 되돌릴 수 없다. 따라서 사용 시점이 불확실하다면, 숙성을 최대한 느리게 천천히 진행하는 장기 숙성을 선택하는 것이 좋다. 장기 숙성의 핵심은 저온 유지와 철저한 수분 관리이다. 부패를 억제하면서 효소 작용과 맛의 변화를 서서히 진행시키기 위해서는, 안정적인 저온 환경이 필수적이다. 또한 수분이 과도하게 증발하거나 반대로 드립이 고여 살이 무르지 않도록, 섬세한 수분 조절이 필요하다.

가장 손쉽게 좋은 결과를 얻는 방법은 습식 숙성(얼음물 침수)이다. 진공 포장한 생선을 1~2℃ 정도의 얼음물에 담가서 냉장고에 넣어두면, 외부 온도의 변화에도 안정적으로 상태가 유지되며, 수분 손실 없이 균일한 숙성이 진행된다. 이때 얼음이 완전히 녹기 전에 보충하여 온도를 일정하게 유지하는 것이 중요하다.

## 장 기 숙 성

**❶ 생선을 손질한다.**

피를 빼고 비늘을 벗긴 뒤, 내장과 아가미를 제거하고 물로 깨끗하게 씻는다.

※ 자세한 손질 방법은 <PART 7 생선 손질> 참조.

**❷ 물기를 제거한다.**

키친타월로 생선의 표면과 내장이 있던 부위를 꼼꼼히 닦아 물기를 제거한다.

**❸ 진공 포장을 한다.**

내장이 있던 부위에 남아 있는 혈액과 수분을 흡수하도록 키친타월을 채운다. 해동지로 감싼 뒤, 그린 파치(방습지)로 1번 더 감싸서 진공 포장한다.

**❹ 차가운 얼음물에 담가서 냉장고에 넣는다.**

생선이 물 위로 뜨지 않도록 무게가 있는 물체로 눌러서 물속에 완전히 잠기게 한다. 숙성 과정 중에는 냉장고 문을 최소한으로 열어 외부 온도 변화를 막고, 얼음이 모두 녹기 전에 추가하여 온도를 유지시킨다.

이러한 방법으로 여러 마리의 생선을 준비하여 얼음물 속에 보관하고, 필요할 때마다 꺼내서 사용한다. 이 과정을 반복하다 보면 자연스럽게 어종에 따른 숙성 기간별 변화를 체득할 수 있다. 장기 숙성은 생선의 특성을 이해하고 그 변화 과정을 익히는 데 가장 효과적인 방법이며, 동시에 안정적인 숙성을 구현하는 확실한 수단이다.

## 장기 숙성의 장점

적절한 온도와 환경에서 장기 숙성한 생선은 단순히 오래 보관하는 차원을 넘어, 시간이 지남에 따라 맛이 갈수록 깊어지는 일종의 「맛의 진화」 과정을 거친다. 이 과정에서 단백질은 아미노산으로 분해되어 감칠맛이 강화되고, 지방은 서서히 안정화되어 고소한 풍미를 형성한다.

이러한 변화 덕분에 장기 숙성 생선은 식재료로서 가치가 높다. 단순히 신선한 상태를 유지하는 것을 넘어, 시간이 만들어내는 독특한 풍미가 더해지면서 요리의 완성도를 높일 수 있기 때문이다. 장기 숙성한 생선은 회나 초밥뿐 아니라, 구이나 조림 등 가열 요리에서도 더욱 깊고 선명한 맛을 낸다.

또한 장기 숙성은 일정 기간 동안 품질을 안정적으로 유지할 수 있다는 장점이 있다. 숙성 환경을 잘 관리하면 며칠 동안 같은 상태의 맛과 식감을 유지할 수 있어, 식당에서는 메뉴 운영의 안정성을 확보할 수 있다.

# 장기 숙성의 단점

생선을 낮은 온도의 냉장고나 얼음물 등의 저온에서 숙성하면 숙성 속도가 느려진다. 이는 생선 내부에서 일어나는 다양한 생화학적 변화가 온도에 매우 민감하게 반응하기 때문이다. 온도가 낮을수록 단백질 분해나 효소 활성, ATP의 IMP 분해 등이 모두 더디게 진행된다. 반대로 온도가 높아지면 효소 반응이 활발해지면서 숙성이 빠르게 진행된다.

$5°C$에서 하루 동안 숙성했을 때 숙성 정도가 「30」이라면, 같은 시간 동안 $2°C$에서는 「10」 정도만 진행된다. 즉, 온도는 숙성 속도를 결정짓는 가장 중요한 요인이라 할 수 있다.

그러나 이렇게 저온에서 장기 숙성한 생선에는 치명적인 단점이 있다. 예를 들어, 광어를 $1°C$ 얼음물에서 2일 동안 숙성하면 살의 탄력이 유지되고 맛도 안정적이다. 하지만 이 광어를 얼음물에서 꺼내는 순간, 저온에서 억제되어 있던 효소 반응과 화학적 변화가 다시 활성화되며 숙성이 급격히 빨라진다. 마치 멈춰있던 시간이 한꺼번에 흐르듯, 생선 내부에서 짧은 시간 안에 급격한 숙성 변화가 일어난다.

이 때문에 장기간 저온 숙성을 마친 생선은 반드시 빠른 시간 안에 사용해야 한다. 생선을 해체하는 순간, 상온과 공기에 노출되면서 효소 작용이 가속되고 품질이 급격히 떨어지기 때문이다. 결국 장기 숙성의 가장 큰 단점은 「숙성 이후의 급격한 변화」라고 할 수 있다. 즉, 낮은 온도에서 이루어지는 장기 숙성은 시간을 늦추는 기술이지만, 그 시간이 다시 흐르기 시작하면 숙성 속도가 급격히 빨라지므로 주의가 필요하다.

# 절단면과 비늘

생선을 숙성할 때는 작은 요소 하나하나가 결과에 영향을 미치며, 이는 곧 맛과 품질로 이어진다. 절단면과 비늘 처리는 사소해 보이지만, 숙성의 안정성과 완성도에 큰 영향을 미친다. 이 2가지 요소를 어떻게 다루느냐에 따라 숙성의 결과가 달라질 수 있다.

## 절단면 최소화

생선을 숙성할 때 머리를 자르지 않는 이유는 단순하다. 절단면이 적을수록 숙성이 더 오래 안정적으로 유지되기 때문이다. 머리를 잘라내면 큰 절단면이 생기고, 그 부위에서 단백질과 지방의 분해가 빠르게 진행되며 산화와 갈변이 촉진된다.

물론 숙성을 위해서는 아가미와 내장을 제거해야 하고, 피를 빼기 위해서는 꼬리를 절개해야 한다. 그러나 그 이상의 필요 없는 절단면이 생기는 것은 피해야 한다. 머리를 자르는 순간 필요 이상의 절단면이 추가되어 숙성 속도가 빨라진다.

따라서 생선을 숙성하기에 가장 적합한 상태는, 원형 그대로의 모습을 최대한 유지하여 절단면을 최소화하는 것이다. 이렇게 해야 숙성이 안정적으로 진행되고, 깊이 있는 풍미와 탄력 있는 식감을 얻을 수 있다.

칼로 생선을 절단하여 단면이 노출되면 다양한 변화가 동시에 일어난다. 화학적 반응과 효소 작용이 활발해지고, 미생물 증식이 빨라지며, 수분 증발과 산소 접촉도 증가한다. 그 결과 숙성이 빠르게 진행되어 단기간에 풍미가 살아나는 장점이 있지만, 동시에 산패가 앞당겨지고 드립 손실이 증가하며, 조직이 쉽게 무르거나 부패가 빨라질 위험도 커진다. 즉, 단면의 노출은 숙성을 촉진하는 동시에 부패를 앞당기는 양면성이 있다.

● **숙성 준비 과정**

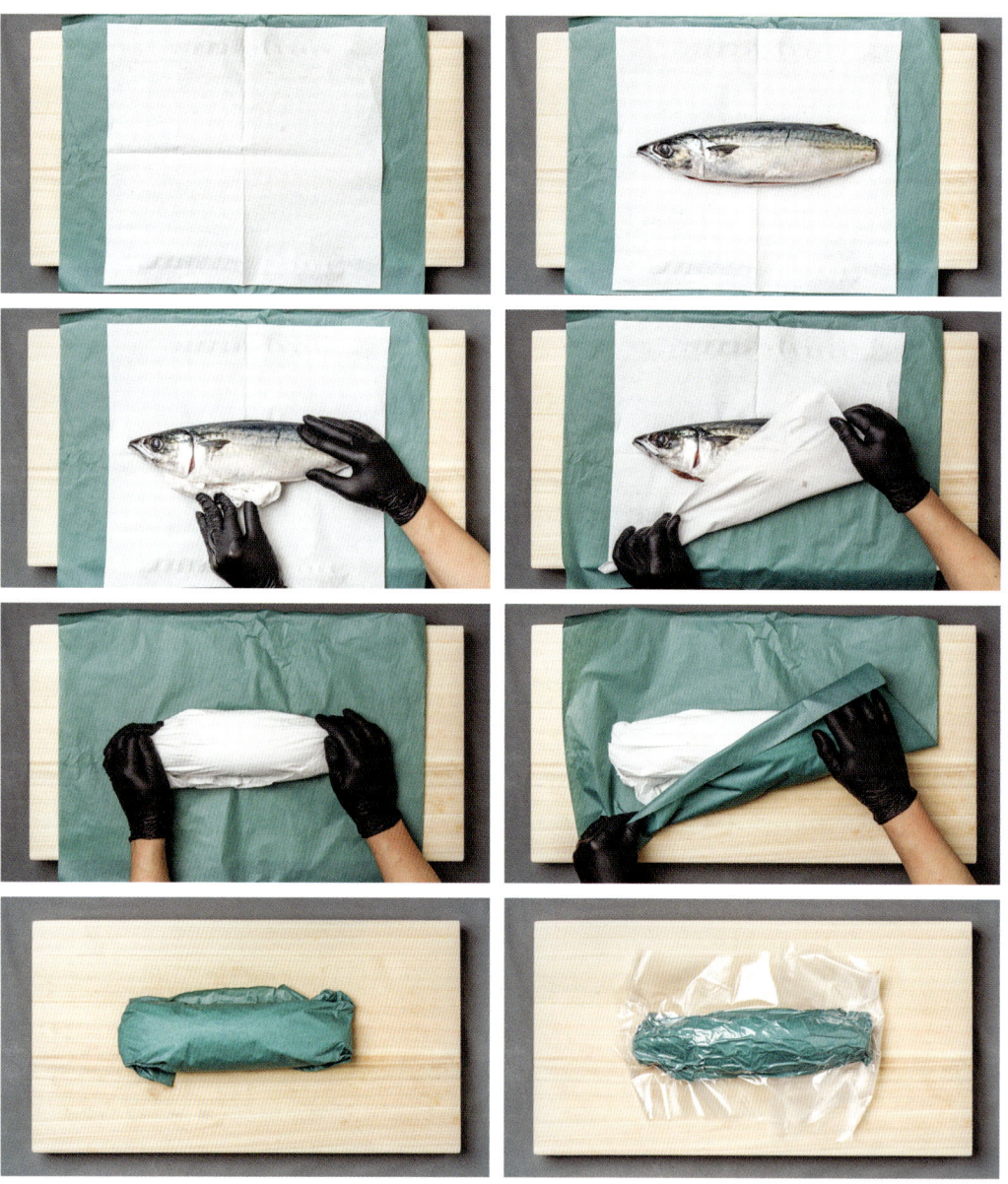

손질한 고등어를 씻어서 물기를 충분히 제거한다. 꼬리를 잘라서 해동지와 그린 파치 위에 올리고, 내장이 있던 부위에 키친타월을 채운다. 해동지와 그린 파치로 감싸서 진공 포장한다. 머리는 자르지 않는 편이 숙성에 더 유리하다.

## 절 단 면 이  숙 성 에  미 치 는  영 향

① **공기 노출로 인한 변화**
- 절단면이 공기에 노출되면 산소 확산이 활발해져 지방 산화가 촉진된다. 이로 인해 비린내와 산패가 쉽게 발생하며, 수분 증발과 드립 손실이 증가하여 식감이 물러지기 쉽다.

② **세포 파손**
- 칼질로 인해 세포막이 손상되면, 내부의 효소(카텝신, 칼페인 등)와 근단백질이 직접 접촉한다. 이로 인해 자기소화(Autolysis)가 촉진되어 살이 빠르게 연화되고, 풍미 변화도 가속된다.

③ **미생물 감염**
- 생선살 내부는 원래 거의 무균 상태지만, 절단면은 칼과 도마, 공기를 통해 미생물이 가장 먼저 유입되는 통로가 된다. 이로 인해 부패와 변취가 시작되는 시점이 빨라진다.

④ **결론**
- 절단면은 숙성을 빠르게 진행시키는 동시에 산화·연화·부패를 함께 촉진한다.

# 비 늘 처 리

비늘은 생선의 숙성과 밀접한 관련이 있다. 비늘은 원래 생선을 외부 환경으로부터 보호하는 역할을 하지만, 숙성 과정에서는 2가지 상반된 작용을 한다.

- 비늘은 표면을 덮어 살이 직접적으로 공기와 닿는 것을 막아주므로, 산화와 건조를 늦추는 효과가 있다. 이 때문에 생선을 원물 그대로 숙성할 때는 비늘이 일종의 보호막처럼 기능한다.
- 비늘과 비늘 사이에는 점액과 세균이 남기 쉽다. 이 상태로 숙성을 진행하면 표면에서 증식한 세균이 퍼져 살을 오염시키고, 결국 불쾌한 냄새가 발생하고 부패가 가속화된다.

따라서 숙성용으로 생선을 손질할 때는 보통 비늘을 완전히 제거하는 것이 원칙이다. 위생적인 단면을 확보하고 살의 상태를 안정적으로 유지하기 위해서다. 반면, 빙장 숙성처럼 생선을 손질을 하지 않고 원물 그대로 숙성할 때는 비늘을 남겨두는 경우도 있다. 살 표면을 보호하고 살 속으로 수분이 흡수되는 것을 막기 위해서이다.

결국 비늘은 숙성 과정에서 보호막이 될 수도 있고, 오염의 원인이 될 수도 있는 이중적 성격을 지닌다. 따라서 숙성 방식과 목적에 따라 비늘 처리 여부를 적절히 선택하는 것이 중요하다.

● 비늘 처리의 장단점

| | 비늘을 남긴 숙성 | 비늘을 제거한 숙성 |
|---|---|---|
| 장점 | 공기를 차단해 산화와 건조를 늦추므로, 원물 그대로 숙성 시 보호막 역할 | 위생 관리가 쉬우며, 세균 번식이 줄어들고 이취 발생 방지 |
| 단점 | 점액과 세균으로 부패 및 이취 발생 가능 | 껍질이 노출되어 산화 및 건조에 취약 |
| 적용 | 빙장 또는 원물 숙성에 적합 | 위생 관리가 중요한 경우에 적합 (대부분의 숙성 과정) |

PART

# 4

## 숙성 레시피

# ◇◇◇◇ 내가 원하는 생선의 맛 ◇◇◇◇

생선을 숙성하기 위해서는 먼저 2가지 질문에 답할 수 있어야 한다.

- 생선을 언제 사용할 것인가?
- 어느 정도 숙성된 맛과 식감을 원하는가?

이 질문에 명확히 답하지 못한다면 숙성 자체는 가능하더라도 원하는 결과를 얻기 어렵다. 생선은 시간이 지남에 따라 화학적 변화가 일어나며, 아무리 좋은 숙성 환경과 기술을 갖추더라도 흐르는 시간을 멈출 수는 없다. 즉, 원하는 맛과 식감이 형성되는 시점을 놓친다면 다시 되돌릴 수 없다.

누군가는 24시간 숙성한 광어가 맛있다고 하고, 또 다른 사람은 72시간 숙성한 광어가 맛있다고 말한다. 하지만 어느 쪽이 더 낫다고 단정할 수는 없다. 이는 단지 개인의 기호 차이이기 때문이다. 따라서 숙성을 전문으로 하는 요리사라면, 먼저 자신이 추구하는 맛과 식감을 명확히 설정해야 한다. 목표가 분명해야 그에 맞는 숙성 시간, 온도, 환경, 처리 방법을 결정할 수 있다. 목표가 없다면 숙성은 방향을 잃고, 결국 원하는 맛을 낼 수 없게 된다.

참고로 내가 선호하는 숙성 생선의 맛과 식감은 다음과 같다.

- **광어** : 24시간 숙성 / 살짝 부드러우면서 쫄깃한 식감과 깊은 맛.

- **참돔** : 약 12시간 숙성 / 젤리처럼 탱글하며 은은한 도미 향이 느껴지는 맛.
- **농어** : 약 48시간 이상 숙성 / 진한 풍미와 쫀득한 식감.
- **방어(겨울철)** : 최소 2일 숙성 / 활어의 서걱한 식감이 부드럽게 변하고 고소한 맛.
- **흑점줄전갱이** : 24시간 이내 숙성 / 신선한 쫄깃함과 깔끔한 맛.
- **청어** : 1~4일 숙성 / 부드러운 식감과 고소함, 은은한 멸치 향이 느껴지는 맛.
- **삼치** : 약 3일 동안 건식 숙성 / 부드러움이 응축되어 단단해진 식감과 맛.
- **고등어** : 약 24시간 숙성 / 활어의 아삭한 식감이 부드러워지고, 감칠맛이 있는 맛.

이처럼 나의 입맛은 명확하다. 그리고 내가 원하는 맛을 위해 숙성 방법과 시간을 조절하고, 그것을 나만의 기준으로 삼는다. 요리는 모두 그렇다. 사람마다 추구하는 맛이 다르며, 그 맛을 내기 위해 사용하는 재료와 조리법, 조리 순서도 다를 수 밖에 없다. 내가 생선 숙성을 「레시피」라고 부르는 이유도 여기에 있다. 숙성은 단순한 시간의 경과가 아니라, 원하는 맛을 구현하기 위해 조건을 설계하고 조절하는 과정이기 때문이다.

## 대중적인 맛

사람들의 입맛은 대중적인 취향이 넓게 분포하고, 극단적인 취향은 소수에 머무는 마름모 형태로 나타난다. 꼭대기와 바닥은 극소수의 사람들이 선호하는 특수한 맛이고, 가장 넓은 중간 부분은 많은 사람들이 공감하는 대중적인 맛이다.

우리나라에서는 일반적으로 생선 고유의 향과 맛이 강하게 드러나는 것을 선호하지 않는 경향이 있다. 고등어에서 고등어 향이 나고, 참치에서 참치 특유의 향이 나는 것을 비리다고 느끼는 경우가 많다. 특히 생선회에서는 본연의 향이 과도하게 드러나지 않는 상태를 더 선호한다. 그러나 같은 생선이

맛의 차이에 민감한 집단이
선호하는 맛

**대중적인 맛**
고등어나 참치의 향을
비리다고 생각함

상대적으로 맛에 둔감한 집단이
선호하는 맛

라도 조리 방식에 따라 인식이 달라진다. 예를 들어 고등어 구이에서는 특유의 향이 나더라도, 오히려 긍정적으로 받아들인다. 같은 향이라도 회와 구이에서 전혀 다르게 인식하는 것이다. 반면 일본에서는 회나 초밥에서 생선 고유의 향이 나는 것을 선호하는 경우가 많다.

숙성회에서 중요한 것은 향이 있느냐 없느냐가 아니라, 대중이 선호하는 맛과 향의 범위를 정확히 이해하는 것이다.

일반적으로 활어회는 신선한 식감을 살릴 수 있지만, 동시에 생선 특유의 향과 잡미가 그대로 드러나기 쉽다. 반면 숙성을 거치면 이러한 요소를 조절할 수 있다. 숙성 과정에서 불필요한 잡미와 비린내는 줄어들고, 감칠맛과 풍미는 강화되기 때문이다.

따라서 숙성회를 만들 때는 위생적인 처리와 정확한 손질을 바탕으로, 생선 본연의 향은 살리되 불쾌한 요소는 제거하는 방향으로 숙성을 설계하는 것이 바람직하다.

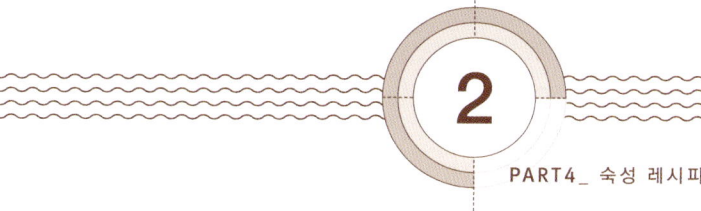

어종별 숙성 방법
# 광어

　광어의 정식 이름은 넙치이며, 가자미목 넙치과에 속한다. 납작하고 넓은 모양 때문에 「넓을 광(廣)」을 써서 광어(廣魚)라고 부른다.

　광어는 전형적인 흰살생선으로, 지방 함량이 낮고 수분 함량이 높은 것이 특징이다. 즉, 감칠맛의 핵심이 되는 지방보다 수분의 비중이 더 큰 어종이다.

　숙성이란 수분과의 싸움이다. 수분이 많은 생선일수록 맛의 변화를 정밀하게 제어하기 어렵고, 환경의 미세한 차이에도 결과가 크게 달라질 수 있다. 따라서 광어 숙성의 핵심은 수분을 얼마나 안정적으로 제어하느냐에 있다. 수분을 조절하고 표면의 상태를 관리하는 방법에 따라, 같은 광어라도 맛의 깊이와 식감의 완성도가 달라진다.

## 광어 숙성 방법

➊ 살아 있는 광어를 이케지메 및 신케지메 처리한다.

➋ 아가미와 꼬리를 칼로 절개하고, 얼음을 넣은 3% 소금물에 15분 정도 담가서 피를 뺀다.

➌ 물에서 꺼내 머리와 꼬리, 비늘은 남겨두고, 아가미와 내장을 제거한다(⑤에서 거꾸로 매달기 위해 꼬리를 자르지 않는다).

➍ 내장이 있던 부위와 생선 표면을 물로 깨끗이 씻는다.

➎ 20분 정도 거꾸로 매달아 남아 있는 피와 수분을 제거한다.

➏ 표면의 물기를 깨끗이 닦고, 내장이 있던 부위에 키친타월을 채워 수분을 흡수시킨다.

➐ 꼬리를 자르고 해동지로 감싼 뒤, 그린 파치로 1번 더 감싸서 진공 포장한다.

➑ 아이스박스에 물과 얼음을 채우고 포장한 광어를 담근 뒤, 냉장고에 넣고 숙성한다.

➒ 숙성 후 꺼내서 해체하여 뼈와 살을 분리하고 살쪽에 소금을 뿌린다.

➓ 15분 정도 지나면, 키친타월로 수분을 닦고 껍질을 벗겨서 사용한다.

※ 이케지메, 신케지메, 피빼기(지누키), 해체(오로시) 방법은 <PART 7 생선 손질> 참조.

광어를 숙성하기 전 사후경직을 최대한 늦추기 위해 신경을 통째로 빼낸 모습.

어종별 숙성 방법

# 참돔

농어목 도미과에 속하는 참돔은 광어와 마찬가지로 흰살생선으로, 수분 함량이 높은 어종이다. 씹을수록 은은한 단맛이 입안에 퍼지고, 숙성을 거치면 광어보다 감칠맛이 더욱 뚜렷하게 드러난다. 그러나 수분에 민감한 어종이어서 수분 관리는 광어보다 훨씬 까다롭다.

수분 함량이 높기 때문에 시간이 지날수록 살이 물러지는 속도가 빠르며, 표면에 수분이 많으면 쉽게 무르고 푸석해진다. 따라서 참돔을 숙성할 때는 과도한 수분을 억제하고, 표면을 안정적으로 건조시키는 것이 중요하다.

이러한 특성 때문에 참돔은 습식 숙성보다는 건식 숙성을 할 때 그 진가를 발휘하며, 적절한 수분 조절을 통해 단맛과 감칠맛을 효과적으로 이끌어내고, 동시에 탄력 있는 식감을 유지할 수 있다.

## 참돔 숙성 방법

**❶** 살아 있는 참돔을 이케지메 및 신케지메 처리한다.

**❷** 아가미와 꼬리를 칼로 절개하고, 얼음을 넣은 3% 소금물에 15분 정도 담가서 피를 뺀다.

**❸** 물에서 꺼내 머리와 꼬리는 남겨두고 비늘과 아가미, 내장을 제거한다(⑤에서 거꾸로 매달기 위해 꼬리를 자르지 않는다).

**❹** 내장이 있던 부위와 표면을 물로 깨끗이 씻는다.

**❺** 20분 정도 거꾸로 매달아서 남아 있는 피와 수분을 제거한다.

**❻** 표면의 물기를 깨끗이 닦고, 간냉식 냉장고에 거꾸로 매달아 숙성한다.

**❼** 숙성 후 꺼내서 해체하여 뼈와 살을 분리하고 살쪽에 소금을 뿌린다.

**❽** 15분 정도 지나면, 키친타월로 수분을 닦고 껍질을 벗겨서 사용한다.

※ 이케지메, 신케지메, 피빼기(지누키), 해체(오로시) 방법은 <PART 7 생선 손질> 참조.

참돔 숙성은 처음부터 건식으로 진행하며, 필요할 때마다 살을 발라서 사용하고 남은 부분은 다시 건식 숙성으로 관리한다. 이렇게 하면 표면의 수분이 정리되어 조직이 안정되고, 단단하고 매끄러운 식감을 유지할 수 있다. 단, 참돔을 장기 숙성할 때는 광어와 같은 방법(p.103)으로 진행한다. 건식으로 숙성한 경우 2일 이내에 사용하는 것이 좋다.

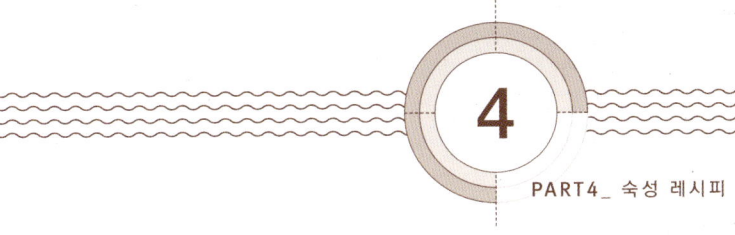
어종별 숙성 방법

# ◇◇◇◇ 고등어 ◇◇◇◇

농어목 고등어과에 속하는 고등어는 가장 대중적인 생선 중 하나로, 등푸른생선이자 붉은살생선에 속한다. 근육 내 미오글로빈 함량이 높기 때문인데, 미오글로빈은 산소를 저장하고 운반하는 단백질로, 활동량이 많은 어종일수록 그 함량이 증가하며 붉은색을 띠게 된다.

고등어는 성질이 예민하여 어획 직후 폐사하는 경우가 많고, 사후에는 부패가 매우 빠르게 진행된다. 특히 고등어에 풍부한 히스티딘은 부패 과정에서 히스타민으로 전환될 수 있어 식중독의 원인이 되므로, 신속하고 철저한 전처리가 필수적이다.

## 고등어 숙성 방법

고등어는 내장과 아가미에 고래회충이 서식할 가능성이 높기 때문에, 다른 어종보다 더욱 세심한 손질이 필요하다.

❶ 아가미와 내장을 제거하고 꼬리를 자른다.

❷ 내장과 아가미가 있던 부위를 솔로 깨끗이 세척한다.

❸ 손질한 고등어를 차가운 얼음물에 15~20분 정도 담가, 몸속에 남아 있는 피를 완전히 제거한다(쓰모토식 지누키 방법 권장).

❹ 키친타월로 물기를 꼼꼼히 닦아낸다.

❺ 내장이 있던 부위에 키친타월을 채운다.

❻ 해동지로 전체를 감싸고 그린 파치로 1번 더 감싸서 진공 포장한다.

❼ 포장한 생선을 얼음물에 담가 냉장고에 넣는다. → 약 10일 동안 사용 가능.

※ 고등어는 선어를 사용한다.
※ 피빼기(지누키) 방법은 p.216 참조.

# 고등어 초절임 「시메사바[しめ鯖]」

과거 냉장 시설이 없던 시절 동해안에서 잡은 고등어를 경북 안동까지 운반하기 위해 소금에 절여 부패를 막은 것이, 오늘날 「안동 간고등어」의 기원이 되었다. 일본에도 비슷한 사례가 있는데, 에도시대 이전부터 와카사[若狭] 지방 해안에서 잡은 고등어를 내륙 도시 교토로 운반하기 위해 소금에 절였고, 이후 시간이 흐르면서 고등어 특유의 히스타민 생성을 억제하기 위해 식초 절임 방식이 도입되었다. 이 조리 방법이 발전하여 오늘날 「시메사바」라고 불리는 고등어 초절임으로 자리잡았다.

시메사바는 고등어를 먼저 소금에 절인 뒤, 다시 식초에 절여 부패를 억제하는 방식으로 만든다. 이러한 소금과 식초를 이용한 전처리는, 고등어의 비린 맛을 줄이고 식감과 풍미를 개선하며 보존성을 높이는 데 효과적이다.

깨끗하게 손질한 고등어는 머리를 제거한 뒤 해체하여 뼈와 살을 분리한다. 손질한 살 위에 소금을 넉넉히 덮고, 냉장고(2~3℃)에 넣어 1시간 정도 절인다. 절이는 시간은 고등어 상태에 따라 조절할 수 있으며, 살이 무른 경우에는 조금 더 길게, 단단한 경우에는 상대적으로 짧게 절인다. 이 과정은 반드시 냉장 상태에서 진행해야, 온도가 일정하게 유지되어 위생과 안정성을 확보할 수 있다.

소금 절임이 끝나면 고등어를 차가운 수돗물에 살짝 씻어 소금을 제거하고, 키친타월로 물기를 꼼꼼히 닦아낸다. 그런 다음 식초(환만식초)와 물을 1:1 비율로 섞어서 만든 식초물에 담가, 냉장고에 넣고 30분~1시간 정도 절인다.

이 과정을 통해 고등어는 1차 소금 절임, 2차 식초 절임을 거치면서, 비린 맛이 줄고 살이 단단해지며 보존성 또한 향상된다. 마지막으로 식초에 절인 고등어를 차가운 물로 살짝 헹군 뒤 물기를 제거하면 시메사바가 완성된다.

완성된 시메사바는 다양한 요리에 활용할 수 있으며, 절이는 시간이나 식초와 소금의 비율, 헹굼 여부 등은 요리사에 따라 달라질 수 있다.

## 시메사바 레시피 ①

❶ 깨끗하게 손질한 고등어는 뼈를 따라 3
장뜨기(산마이오로시)한다.

❷ 고등어 살에 소금을 골고루 뿌린 뒤,
3℃ 냉장고에 넣고 1시간 동안 절인다.

❸ 1시간 뒤 차가운 물로 소금을 씻어내
고, 키친타월로 물기를 제거한다.

❹ 식초(환만식초)와 물을 1:1 비율로 섞어
서 만든 식초물에 담가, 3℃ 냉장고에
넣고 40분 정도 절인다.

❺ 절인 고등어를 다시 차가운 물로 헹군
뒤, 키친타월로 물기를 제거한다.

❻ 1토막씩 랩으로 싸서 냉장 보관한다(냉
동 보관도 가능).

※ 3장뜨기(산마이오로시) 방법은 p.225 참조.

## 시 메 사 바 에 서  소 금 과  식 초 의  역 할

① **소금의 역할**
- 소금은 삼투작용을 통해 고등어의 살 속 수분을 배출시키고, 식감을 단단하게 만든다. 동시에 미생물의 번식을 억제하여 부패를 늦추는 효과가 있다. 소금의 양과 절이는 시간에 따라 식감과 풍미가 달라진다.

② **식초의 역할**
- 식초는 산성 환경을 형성하여 미생물 증식을 억제하고, 히스티딘이 히스타민으로 전환되는 과정에 관여하는 세균의 증식을 억제하여 식중독 위험을 줄인다. 또한 고등어 특유의 강한 향을 완화하고, 산뜻한 신맛을 더해 전체적인 풍미를 완성한다.

③ **냉장의 중요성**
- 절이는 과정은 모두 냉장고(2~3℃)에서 진행해야 계절과 온도 변화에 따른 편차를 줄일 수 있다. 온도가 일정해야 고르게 절여지고, 풍미도 안정적으로 유지된다.


# 숙성 고등어로 만드는 시메사바


시메사바는 고등어를 소금에 절인 뒤 다시 식초에 절여서 만드는데, 완성된 시메사바는 진공 포장해서 냉동 상태로 보관하는 것이 일반적이다. 고등어는 부패가 빨라 장기 보관이 어렵기 때문이다. 그러나 냉동 보관은 시간이 지날수록 품질이 저하된다는 단점이 있다.

그렇다면 제철에 잡은 신선한 고등어로 만든 시메사바를, 냉동하지 않고 사용할 수는 없을까? 여러 방법을 시도한 끝에, 숙성한 고등어로 시메사바를 만들어 최적의 상태로 사용할 수 있는 방법을 찾았다.

숙성 고등어로 시메사바를 만들면 고등어 20마리를 구입하여 하루에 2마리씩 쓰는 경우, 냉동하지 않고 냉장 상태에서 10일 정도 사용할 수 있다. 고등어를 습식 숙성 또는 빙장 숙성하면서 그날그날 필요한 만큼 꺼내서 소금과 식초에 절이면, 냉동하지 않아도 비린내가 없고 신선한 상태의 시메사바를 만들 수 있다.

**습식 숙성**

깨끗하게 손질한 고등어를 진공 포장
하여 얼음물에 담근 뒤, 냉장고에 넣
고 숙성한다.

▼

그때그때 필요한 양만 꺼내서 시메사
바를 만든다.

약 10일 동안
사용 가능

**빙장 숙성**

아가미와 내장을 제거하지 않은 원물
상태의 고등어를, 얼음을 넣은 3% 소
금물에 담가 빙장 숙성을 진행한다.

▼

그때그때 필요한 양만 꺼내서 손질하
여 시메사바를 만든다.

약 5일 동안
사용 가능

## 시메사바를 사용하는 또 다른 방법

냉동을 피하기 위해 고등어를 냉장 숙성하면서 그날 사용할 만큼만 꺼내 시메사바를 만
드는 방법은, 신선도를 유지할 수 있다는 장점이 있다. 그러나 양이 많을 경우에는 효율성이
크게 떨어진다. 매장에서는 매일 시메사바를 새로 만들어야 하는데, 수십~수백 마리의 고
등어를 얼음물에 담가 냉장고에 넣고 관리하는 것 자체가 쉽지 않기 때문이다.

그럴 때는 소금 절임까지만 미리 진행하고, 냉장 또는 냉동 보관한 뒤 필요할 때마다 꺼
내서 식초로 절이는 방법을 활용하면 부담을 줄일 수 있다.

특히 냉동 고등어를 사용하면 시간이 지나면서 비린내가 생길 수 있는데, 이는 해동 과정
에서 단백질 분해, 지방 산패, 일부 미생물 잔류 등으로 인해 발생한다. 그런데 소금에 절인
뒤 냉동하고 필요할 때 꺼내서 식초에 절이면, 해동할 때 미생물 증식과 효소 반응이 억제
되어 안정적으로 시메사바를 만들 수 있다.

## 시메사바 레시피 ②

❶ 깨끗하게 손질한 고등어는 뼈를 따라 3
　장뜨기한다.

❷ 고등어 살에 소금을 골고루 뿌린 뒤, 3℃
　냉장고에 넣고 1시간 동안 절인다.

❸ 1시간 뒤 차가운 물로 소금을 씻어내고,
　키친타월로 물기를 제거한다.

❹ 1토막씩 랩으로 싸서 냉장 또는 냉동 보
　관한다. 1주일 이내로 사용할 경우에는
　냉장(2~3℃ 보관), 그 이상일 경우에는
　냉동 보관(-18℃ 이하)한다.

❺ 그때그때 필요한 만큼 꺼내서(또는 해동
　하여), 식초물(1:1 비율)에 40분 정도 절
　여 시메사바를 완성한다.

※ 3장뜨기(산마이오로시) 방법은 p.225 참조.

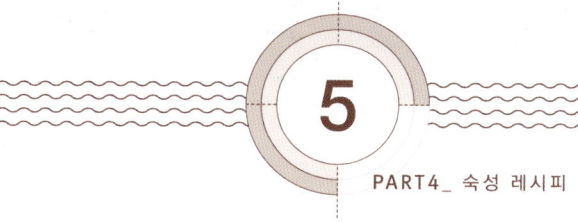
어종별 숙성 방법
# ◇◇◇◇ 생참치 ◇◇◇◇

농어목 고등어과에 속하는 참치는 대표적인 붉은살생선으로, 지방이 풍부하지만 부위별로 특성이 크게 다르다.

- **등살** : 수분 함량이 높아 약 70%가 수분으로 구성되어 있다.
- **뱃살** : 지방이 풍부하고 수분은 상대적으로 적다.

해마다 봄이 되면 한국에서도 냉동 처리하지 않은 생참치가 유통되는데, 이렇게 신선한 생참치를 최상의 상태로 활용하기 위해서는 반드시 적절한 숙성 과정이 필요하다.

참치는 수분 함량이 높아 습식 숙성보다는 건식 숙성이 적합하다. 숙성을 시작하기 전에 반드시 깨끗하게 손질하고 표면의 수분을 제거해야 한다. 또한 냉장고 온도와 습도를 정확히 관리하는 것이 참치 숙성의 핵심이다.

생참치는 먼저 아가미와 내장을 제거한 뒤 차가운 물로 깨끗이 씻는다. 그런 다음 3장뜨기를 하되, 껍질은 벗기지 않고 부위별로 블록 형태로 나눈다. 이때 블록의 크기가 클수록 숙성했을 때 맛이 깊어지고, 보관 기간도 길어진다.

블록으로 나눈 뒤에는 키친타월을 사용하여 표면의 수분을 꼼꼼하게 닦아내는 것이 중요하다. 수분이 남아 있으면 부패가 빨라질 수 있기 때문이다. 수분 제거가 끝난 블록은 포장하지 않은 「누드」 상태로, 습도가 낮고 바람이 잘 통하는 간냉식 냉장고에 넣어서 숙성한다.

이 과정을 거치면 표면의 수분이 빠르게 증발하여 부패 속도가 늦어지므로, 장기 숙성이 가능하다. 숙성 과정에서 표면은 건조되어 단단해지고 산화가 진행되므로, 실제 사용할 때는 겉부분을 트리밍하여 제거하고 속살만 사용한다. 숙성 과정을 통해 참치는 더 진한 맛과 탄력 있는 식감을 유지할 수 있게 된다.

참치는 몸속에 수분과 혈액이 많아, 수분이 남아 있으면 부패가 빠르게 진행된다. 따라서 표면의 수분을 빠르게 제거하는 건식 숙성 방법이 효과적이다.

## 생참치 숙성 방법

❶ 꼬리를 자르고 아가미와 내장을 제거한 뒤, 물로 깨끗하게 씻는다. 3장뜨기하고 껍질은 벗기지 않는다.

❷ 부위별로 블록 형태로 분할한다. 블록이 클수록 풍미가 깊고 숙성 기간이 길어진다.

❸ 키친타월로 표면의 수분을 충분히 제거한다.

❹ 포장하지 않은 상태로 습도가 낮고 공기가 잘 통하는 간냉식 냉장고에서 숙성한다.

　→ 표면의 수분을 빠르게 증발시켜야 부패를 억제할 수 있다.

❺ 숙성 중 표면은 건조·산화되므로, 트리밍하여 제거하고 속살만 사용한다.

※ 숙성 환경
　• 온도 : 1~2℃ 정도의 낮은 온도가 안전하고 숙성 반응이 원활하게 일어난다.
　• 습도 : 70~85%. 지나치게 건조하면 표면이 필요 이상 마르고, 반대로 습도가 지나치게 높으면 곰팡이나 세균이 번식할 수 있다.
　• 풍량 : 일정한 공기 순환이 필요하며, 가능하면 숙성 전용 냉장고를 사용하는 것이 좋다.
※ 참치는 선어를 사용한다.
※ 어체가 큰 참치는 피빼기 작업을 진행하기 어려우며, 크기가 작은 경우 고등어처럼 얼음물을 이용하거나 쓰모토식 방법으로 피를 뺄 수 있다(p.216 참조).
※ 3장뜨기(산마이오로시) 방법은 p.225 참조.

어종별 숙성 방법
# ◇◇◇◇  연어  ◇◇◇◇

    연어는 연어목 연어과에 속하는 어종으로, 지방 함량이 높고 근육 조직이 연해서 풍부한 풍미와 부드러운 식감을 지닌다. 그러나 이러한 특성은 숙성 과정에서 단점으로 작용하기도 한다. 근육 조직이 약해서 쉽게 무너지거나 육즙이 빠져 식감이 저하될 수 있으며, 불포화지방산의 비율이 높아 지방 산화가 빠르게 진행되면서 비린내가 발생하거나 맛과 색이 변질되기 쉽다.

    연어의 이러한 단점을 보완하기 위하여 트레할로스를 활용할 수 있다. 트레할로스는 수분과 결합하여 조직 내 수분을 안정적으로 유지시키고, 단백질과 세포 구조를 보호하여 육질 손상을 줄이는 역할을 한다. 동시에 지방 산화를 지연시켜 산패에 따른 이취 발생을 억제하고, 색 변화를 완만하게 만들어 전반적인 품질 유지에 도움을 준다. 연어 숙성 과정에서 트레할로스를 적절히 사용하면, 풍미와 식감, 색을 안정적으로 유지할 수 있다.

## 연 어 숙 성 방 법

❶ 비늘을 제거한다.

❷ 머리와 꼬리를 잘라낸다(노르웨이산 연어는 내장이 제거된 상태로 유통된다).

❸ 내장이 있던 부위를 솔로 닦고, 표면을 깨끗이 씻는다.

❹ 물기를 제거하고, 3장뜨기한다.

❺ 배뼈(갈비뼈)를 제거하고, 몸속에 남아 있는 가시는 핀셋으로 모두 뽑는다.

❻ 껍질은 제거하지 않고, 원하는 크기의 블록 형태로 잘라서 나눈다.

❼ 살쪽에 소금을 뿌리고 20분 정도 두어서 수분을 뺀다. 이때 트레할로스를 소금과 함께 섞어서 사용하면, 수분 보존과 산패 억제 효과를 동시에 얻을 수 있다 (소금과 트레할로스의 비율은 대략 2:1).

❽ 차가운 물로 소금을 씻어내고, 키친타월로 물기를 꼼꼼히 닦는다.

❾ 리도 페이퍼로 연어 블록을 1개씩 감싼 뒤, 그린 파치로 1번 더 감싸서 진공 포장한다.

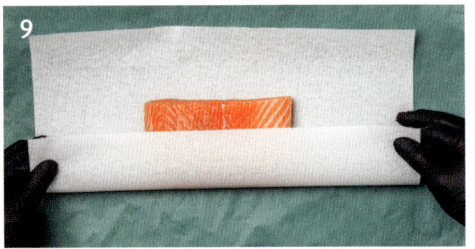

❿ 포장한 연어를 얼음물에 담그고 냉장고에서 숙성한다. 1주일 정도 사용할 수 있으며, 그 이상 보관하려면 냉동하는 것이 좋다.

※ 3장뜨기(산마이오로시) 방법은 p.225 참조.

## 연 어  숙 성 에 서  트 레 할 로 스 의  역 할

① **수분 유지와 조직 보호**
- 트레할로스는 조직 내 수분과 결합하여 육질을 안정적으로 유지시키며, 특히 냉동·해동 과정에서 발생하는 조직 손상을 줄여 육즙 손실을 최소화한다.

② **단백질 안정화**
- 숙성 및 조리 과정에서 단백질의 과도한 변성을 억제하여, 연어 특유의 탄력 있고 촉촉한 식감을 좀 더 오래 유지할 수 있다.

③ **지방 산화 억제**
- 연어는 오메가-3 지방산 함량이 높아 산화가 빠르게 진행되는데, 트레할로스는 산화 속도를 지연시켜 비린내 발생과 맛의 변질을 억제한다.

④ **감칠맛과 향 유지**
- 트레할로스는 단맛이 강하지 않아 연어 본연의 풍미를 해치지 않으며, 산화 억제 효과를 통해 감칠맛과 신선한 향이 안정적으로 유지된다.

어종별 숙성 방법

## ◇◇◇◇ **방어** ◇◇◇◇

방어는 농어목 전갱이과에 속하는 어종으로, 겨울을 대표하는 생선이다. 겨울철에는 차가운 수온에 적응하기 위해 몸속에 지방을 풍부하게 축적하는데, 이로 인해 살은 더욱 두툼해지고 고소하고 깊은 풍미는 극대화된다. 그래서 「방어는 겨울에 먹어야 제맛」이라는 말이 자연스럽게 따라붙는다.

생선의 맛은 주로 지방과 아미노산에서 비롯되는데, 고등어, 청어, 전갱이, 참치, 방어 같은 등푸른생선은 지방의 고소한 맛이 특히 두드러진다. 이러한 등푸른생선은 흰살생선에 비해 지방 함량이 높고 수분 함량은 상대적으로 낮은 구조를 가지고 있기 때문에, 숙성 과정에서 수분을 과도하게 제거하면 조직이 쉽게 건조해지고 식감이 저하될 수 있으며, 동시에 지방 산화가 촉진되어 비린내가 발생하거나 풍미가 손상될 수 있다. 따라서 등푸른생선의 숙성은 단순히 수분을 빼는 것이 아니라, 지방과 수분의 균형을 유지하면서 산화를 억제하는 방향으로 접근하는 것이 중요하다.

## 방어 숙성 방법

❶ 살아 있는 방어를 이케지메 및 신케지메 처리한다.

❷ 아가미와 꼬리를 칼로 절개하고, 얼음을 넣은 3% 소금물에 15분 정도 담가서 피를 뺀다.

❸ 물에서 꺼내 머리와 꼬리는 남겨두고, 비늘과 아가미, 내장을 제거한다(④에서 거꾸로 매달기 위해 꼬리를 자르지 않는다). 내장이 있던 부위와 표면을 물로 깨끗하게 씻는다.

❹ 20분 동안 거꾸로 매달아 남아 있는 피와 수분을 제거한다.

❺ 표면의 물기를 닦고, 내장이 있던 부위에 키친타월을 채워 수분을 흡수시킨다.

❻ 해동지로 싸고 그린 파치로 1번 더 감싼 뒤 진공 포장한다. 큰 방어는 머리도 자른다.

❼ 아이스박스에 물과 얼음을 채우고 방어를 담근 뒤 냉장고에 넣고 숙성한다(습식 숙성).

❽ 숙성이 끝나면 필요할 때 꺼내서 해체하여 뼈와 살을 분리하고, 표면에 소금을 뿌려 수분을 뺀다.

❾ 15분 정도 지나면 키친타월로 수분을 닦고 껍질을 벗긴다.

❿ 트레이에 망을 깔고 그 위에 껍질을 벗긴 방어 살을 올린 뒤, 간냉식 냉장고에 넣고 4~5시간 정도 말린다(건식 숙성).

⓫ 건식으로 숙성한 생선을 보관할 때는, 수분과 지방이 빠져나가지 않도록 해동지를 사용하지 않고 랩으로만 싸서 보관한다.

※ 이케지메, 신케지메, 피빼기(지누키), 해체(오로시) 방법은 <PART 7 생선 손질> 참조.
※ 선어를 사용할 경우 ③부터 진행한다.

방어는 혼합 숙성 방법으로 숙성한다. 먼저 손질한 생선을 얼음물에 담가 습식 숙성을 진행한 뒤, 필요할 때 꺼내서 해체하여 뼈와 살을 분리하고 살쪽에 소금을 뿌린다. 이후 소금에 의해 빠져나온 수분을 키친타월로 제거하고, 간냉식 냉장고에 넣어 4~5시간 정도 건식 숙성을 진행한다.

# 방어의 갈변과 발색

방어는 머리를 제거하지 않은 상태로 진공 포장하거나, 산소가 거의 없는 환경에서 보관하더라도 시간이 지나면 갈변이 진행된다. 이는 근육 내 미오글로빈이 산화되면서 나타나는 자연스러운 변화로, 생선이 죽는 순간부터 시작된다.

손질과 포장 과정을 신속하게 진행하면 산소와의 접촉을 줄여 갈변 속도를 늦출 수는 있지만, 갈변 자체를 완전히 억제할 수는 없다. 따라서 갈변이 시작된 경우에는 가능한 한 빠르게 사용하는 것이 좋으며, 이미 색이 짙게 변한 부위는 제거하고 사용하는 것이 좋다.

한편, 방어를 숙성한 뒤 해체하여 뼈와 살을 분리하면 붉은살 부분이 살짝 탁한 색을 띠는 경우가 있다. 이는 숙성 과정에서 산소와의 접촉이 제한되면서 미오글로빈이 환원된 형태로 유지되기 때문이다. 이런 경우에는 적절한 산소 노출을 통해 발색을 유도하는 것이 효과적이다.

산소와 접촉하면 붉은살은 탁한 자줏빛에서 선홍빛으로 변하여, 시각적으로 더 신선해 보인다. 다만 이 상태는 일시적이며, 시간이 지나면 다시 색이 탁해지고 갈변으로 이어진다. 따라서 발색을 위한 산소 노출은 사용 직전, 약 1시간 이내로 조절하는 것이 효과적이다.

가장 간단한 방법은 습식으로 숙성한 방어의 살을 분리한 뒤, 트레이에 올려 간냉식 냉장고에 넣고 건식 숙성을 진행하는 것이다. 이 과정을 통해 수분 조절과 발색 개선 효과를 동시에 얻을 수 있다.

단, 주의할 점은 발색은 산소 노출에 따른 색 변화일 뿐 신선도를 판단하는 절대적인 기준은 아니라는 것이다. 따라서 살이 선명한 붉은색이라고 해서 반드시 신선하다고 할 수 없으며, 신선도를 판단할 때는 냄새나 조직의 탄력 등 여러 요소를 종합적으로 확인하는 것이 중요하다.

# ◇◇◇◇ 숙성의 기본 원칙 ◇◇◇◇

다양한 어종의 숙성 방법을 비교해 보면, 어종이 달라도 기본 원칙은 크게 다르지 않다. 숙성은 먼저 속도를 결정하는 것에서 출발한다. 빠르게 진행할 경우에는 냉장 숙성, 느리고 안정적으로 진행할 경우에는 얼음물 숙성이 적합하다. 냉장 환경에서는 상대적으로 높은 온도에서 숙성이 빠르게 진행되고, 얼음물의 경우 1~2℃ 정도의 낮은 온도에서 완만하게 진행된다.

다음은 수분 관리다. 수분이 많은 생선은 해동지나 키친타월 등으로 표면의 수분을 제거한 뒤 숙성하는 것이 효과적이고, 반대로 수분이 적은 생선은 랩 등으로 감싸 수분 증발을 억제하는 것이 좋다. 중요한 점은 어종별 매뉴얼을 그대로 적용하는 것이 아니라, 개체의 상태에 따라 수분 균형을 조절하는 것이다. 같은 광어라도 상태에 따라 수분이 부족할 수 있고, 고등어 역시 상황에 따라 수분이 지나치게 많은 경우가 있다.

결국 숙성은 정해진 과정을 반복하는 것이 아니라, 재료의 상태를 판단하고 수분과 온도의 균형을 맞추는 기술이라 할 수 있다.

숙성의 기본 원칙은 다음과 같다.

### ❶ 수분이 많은 경우

키친타월 또는 해동지로 수분을 제거하거나 소금을 뿌려 삼투압으로 수분을 뺀다. 그런 다음 해체하여 간냉식 냉장고에 넣고, 수분을 조절하며 건식으로 숙성한다.

**❷ 수분이 적은 경우**

생선살을 랩으로 감싸 수분 증발을 줄이면서, 내부의 수분이 천천히 표면으로 이동하도록 유도한다.

**❸ 수분과 지방이 모두 많은 경우**

키친타월이나 해동지를 사용하면 지방까지 손실될 수 있으므로 최소한으로 사용한다. 간냉식 냉장고에서 자연스럽게 수분만 증발시킨다.

**❹ 숙성을 빠르게 진행하는 경우**

얼음물보다 상대적으로 높은 온도에서 보관하거나, 수돗물 또는 소금물에 씻어서 숙성한다.

**❺ 숙성을 천천히 진행하는 경우**

생선살을 물에 씻지 않고 저온의 냉장고에 보관한다. 단, 오래 방치하면 세균 증식과 오염의 위험이 있으므로, 반드시 밀봉한 상태를 유지하고 수시로 상태를 확인한다.

# ◇◇◇◇ 숙성 후 관리 ◇◇◇◇

숙성 후 해체(오로시)하여 뼈를 분리한 생선살의 관리는 숙성의 완성도를 결정짓는 마지막 단계이며, 이후 품질 유지에도 매우 중요하다. 이 단계에서는 온도, 수분, 산소 제어가 핵심이며, 이는 미생물 증식과 지방 산화, 조직 변화를 직접적으로 좌우한다. 아래 내용은 실제 현장에서 적용되는 관리 방법을 과학적 근거를 바탕으로 정리한 것이다.

## ❶ 온도 관리

해체가 끝난 생선살은 이미 사후경직이 끝나고, 단백질 분해 효소가 활발히 작용하는 상태이다. 이때 온도가 4℃ 이상으로 올라가면 세균 증식이 급격히 증가하고, 0℃ 이하로 내려가면 단백질 변성이 일어날 수 있다. 따라서 숙성된 생선살은 반드시 1~2℃의 안정적인 냉장 환경에서 보관해야 한다.

식품의약품안전처는 식중독 예방과 품질 유지를 위해, 모든 식품을 5℃ 이하에서 보관해야 한다고 규정하고 있다. 이는 숙성 생선에도 동일하게 적용되며, 온도 관리를 철저히 해야 미생물 증식을 억제하고 숙성의 완성도를 유지할 수 있다.

## ❷ 수분 및 표면 관리

해체 이후 생선살은 절단면이 증가하면서 드립이 쉽게 발생한다. 드립은 미생물의 영양원이자 지방 산패 및 비린내의 원인이 되므로, 발생 즉시 제거해야 한다.

다만 과도한 건조는 표면 경화(Skin Toughening)를 유발하여 식감을 저하시킬 수 있으므로, 수분 제거와 보습의 균형을 섬세하게 유지해야 한다.

### ❸ 산소 차단

공기 중 산소는 혈합육(지아이)의 갈변과 지방 산화를 촉진한다. 이를 방지하기 위해서는 진공 포장이 가장 효과적이며, 가능하다면 질소 충전 포장(Nitrogen Flush)을 활용하는 것도 좋은 방법이다. 전용 장비가 없다면 숙성용 페이퍼를 생선살에 빈틈없이 밀착시키고, 그 위를 랩으로 감싸는 것만으로도 충분한 효과를 얻을 수 있다. 이러한 간단한 조치만으로도 산소 접촉을 크게 줄일 수 있다.

숙성 후 관리의 핵심은 온도, 수분, 산소 제어의 3가지로 요약된다. 숙성이 완료된 생선살은 이미 최적의 풍미와 식감에 도달하였으므로, 이후 관리의 목적은 변화를 유도하는 것이 아니라 현재 상태를 안정적으로 유지하는 데 있다.

관리가 제대로 이루어지지 않으면 숙성 품질은 빠르게 저하되며, 특히 혈합육의 갈변, 표면 점액 형성, 이취 발생은 이상 신호이므로 즉시 확인하고 조치해야 한다.

# 숙성용 페이퍼의 종류와 활용법

    생선 숙성에서 페이퍼는 결과의 완성도를 좌우하는 중요한 요소다. 같은 어종이라도 어떤 페이퍼를 사용하느냐에 따라 수분 상태와 풍미, 식감이 크게 달라질 수 있다. 숙성용 페이퍼는 단순히 수분을 흡수하는 도구가 아니라, 탈수 속도와 지방 보존, 산화 억제까지 조절하는 역할을 한다. 따라서 각각의 특성을 이해하고, 생선의 상태와 목적에 맞게 선택하는 것이 중요하다. 여기서는 많이 사용하는 숙성용 페이퍼의 종류와 그 활용법을 정리하였다.

## 해동지

    해동지는 「양날의 검」이다. 수분을 효과적으로 제거하는 장점이 있지만, 동시에 생선의 지방을 일부 흡수하고 과도한 건조를 유발할 수 있다.

    해동지는 손질, 해동, 수분 제거 등 다양한 과정에서 활용할 수 있다. 그러나 흡수력이 매우 강해서 숙성 단계에서는 사용을 권장하지 않는다. 수분뿐 아니라 지방까지 일부 흡수되어 생선 본연의 풍미를 저하시킬 수 있기 때문이다. 따라서 일반적으로는 손질 후 표면의 수분을 제거할 때 짧게 사용하는 것이 가장 좋다. 숙성 단계에는 히타치 숙성 시트나 리도 페이퍼를 사용하는 것이 좋다.

해동지는 원래 생선이나 육류를 위생적이고 안정적으로 해동하기 위해 개발된 특수 종이로, 참치, 연어, 고등어처럼 드립이 많이 발생하는 어종에 특히 효과적이다. 미세한 섬유 구조가 수분과 드립을 빠르게 흡수하여 표면이 젖거나 변질되는 것을 방지하며, 공기 순환이 원활하여 표면을 건조하게 유지할 수 있다.

또한 위생 관리 측면에서도 유용하다. 표면의 수분을 제거함으로써 세균 증식을 억제하고, 흘러나온 드립이 다른 부위에 닿아 발생할 수 있는 2차 오염을 예방한다. 특히 붉은살생선에 사용할 경우 표면의 수분을 안정적으로 제거하여, 산화와 부패 속도를 늦춰준다.

## 히타치 숙성 시트

히타치 숙성 시트(Hitachi barrier wrap)는 일본에서 개발된 숙성 전용 페이퍼로, 생선 숙성에 최적화된 도구다.

손질을 마친 생선을 숙성할 때 주로 사용하며, 시트 표면의 매우 미세한 구멍 구조 덕분에 표면의 수분은 적절히 흡수하고 지방은 보존하여, 해동지처럼 지나치게 건조되지 않고 장시간 안정적으로 사용할 수 있다. 다만, 지나치게 오래 사용하면 수분이 과도하게 빠져나갈 수 있으므로 주의가 필요하다.

히타치 숙성 시트는 표면에 항균 코팅이 되어 있어 한쪽 면은 매끈하고 다른 한쪽 면은 거친 구조이며, 사용할 때는 항균 코팅된 매끈한 면이 생선살에 닿도록 감싸야 산화를 억제하고 신선도를 오래 유지할 수 있다.

활용 범위가 넓어서 냉동 생선 해동 시 수분 조절, 조리 전 수분 관리, 숙성 및 보관 과정 전반에 사용할 수 있으며, 숙성 후 해체한 생선살의 표면 관리에도 효과적이다.

# 리도 페이퍼

리도 페이퍼(Reed Paper)는 천연 펄프로 제작된 안전한 종이로, 뛰어난 흡수력과 내구성이 특징이다. 두꺼운 재질로 쉽게 찢어지지 않으며, 표면의 수분을 빠르게 흡수하면서도 과도한 탈수를 방지하여 필요 이상의 수분 손실을 억제한다.

붉은살생선의 숙성에 특히 효과적이며, 해동지에 비해 표면 수분을 적당히 유지하여 숙성 과정에서도 생선살을 촉촉하게 유지할 수 있다. 또한 냉동 생선을 해동할 때 발생하는 드립을 신속히 흡수해, 부패와 비린내 발생을 줄이는 데도 유용하다.

통기성이 뛰어나고 표면의 수분은 흡수하되 내부의 수분 손실은 최소화하여, 생선 조직을 안정적으로 유지할 수 있다.

# 그린 파치

그린 파치(Green Perch)는 방습과 흡습 기능을 동시에 갖춘 전용 페이퍼로, 생선의 숙성·보관·운송 과정에 폭넓게 사용된다.

외부 습기의 유입을 차단하고 생선 표면의 물기와 드립을 흡수해, 변질 가능성을 낮추는 것이 가장 큰 특징이다. 또한 습기를 머금은 상태에서도 쉽게 찢어지지 않을 만큼 내구성이 뛰어나다. 일본의 수산시장에서는 외부 물기나 습기로 인한 품질 저하를 예방하기 위해, 진열대나 바닥에 깔아 사용하기도 한다.

또한 그린 파치는 해동지, 히타치 숙성 시트, 리도 페이퍼 등과 함께 사용하면 더욱 효과적이다. 특히 진공 포장할 때 함께 사용하면 외부 습기를 차단하고 내부에서 발생하는 드립을 흡수하여, 비린내를 줄이는 데 도움이 된다. 그린 파치를 사용하면 숙성된 생선의 맛과 향을 안정적으로 유지하고, 보관 중에도 신선도가 오래 유지된다.

# 피칫토 숙성 시트

피칫토(Pichitto) 숙성 시트는 해동지, 히타치 숙성 시트, 리도 페이퍼, 그린 파치와는 다른 성격의 페이퍼이다. 일반 숙성 시트가 숙성 과정 전반의 수분 관리를 목적으로 한다면, 피칫토 숙성 시트는 비교적 짧은 시간 안에 생선에서 필요 없는 수분을 효과적으로 제거하는 데 목적이 있다.

생선 숙성에서 가장 중요한 요소 중 하나는 수분 관리다. 지나친 수분은 드립 형태로 빠져나와 잡내의 원인이 되고, 세균이 증식하기 쉬운 환경을 만든다. 반대로 수분을 지나치게 제거하면 살이 마르고 푸석해져 맛과 식감이 떨어진다. 피칫토는 이러한 균형을 정밀하게 조절하도록 개발된 숙성 전용 시트다.

일본 오카모토사에서 개발한 피칫토 숙성 시트는 투습성 필름 구조와 내부 고분자 흡수체를 활용하여, 삼투압 원리로 생선 조직에서 필요 없는 수분만 점진적으로 흡수한다. 그 결과 드립 발생을 줄이고 조직을 단단하게 유지하며, 아미노산과 IMP(이노신산) 등 수용성 성분의 손실을 최소화하여 풍미를 지킨다.

또한 시트가 생선 표면이 공기와 직접 접촉하지 않도록 막아주기 때문에 산화 속도를 늦출 수 있고, 드립이 고이지 않아 세균 증식이 억제된다. 이를 통해 숙성 과정에서 생선의 식감, 향, 안정성을 높일 수 있다.

사용 방법은 긴단하다. 손질한 생선을 시트로 감싸 냉장 보관하면 된다. 다만 보관 시간이 지나치게 짧으면 효과가 제한적일 수 있고, 반대로 지나치게 길면 조직이 필요 이상 단단해질 수 있다. 따라서 여러 번 테스트를 거쳐 적정 시간을 찾는 것이 중요하다. 또한 정해진 교체 주기를 지켜야 수분과 잡내를 안정적으로 관리할 수 있다.

● 숙성용 페이퍼 종류별 비교

| 종류 | 특징 | 활용 단계 |
|---|---|---|
| 해동지 | 수분 흡수, 통기성 확보, 위생 관리 | 해동·손질 단계 |
| 히타치 | 수분 관리, 지방 보존, 산화 억제 | 숙성 단계 |
| 리도 | 수분 흡수, 내구성·통기성 확보 | 숙성·해동 단계 |
| 그린 파치 | 외부 습기 차단, 수분 조절 | 보관·진공 포장 단계 |
| 피칫토 | 정밀 탈수 | 숙성 단계(단시간 사용) |

습식 숙성한 전갱이에 초생강과 차이브를 더해 김으로 단단히 말아냈다.
전갱이의 깊은 감칠맛에 김 향이 더해져 담백하면서도 산뜻한 풍미를 즐길 수 있다.
일본어로 이소베마키는 김으로 싸서 먹는 요리를 의미하는데,
「이소베[磯辺]」는 바닷가, 「마키[巻き]」는 말이라는 뜻이다.

숙성회 요리 ①

# ◇◇◇◇ 전갱이 이소베마키 ◇◇◇◇

## 재료(1인분)

전갱이(습식 숙성) 1마리
초생강 1큰술
차이브 15줄기
김 1/2장
와사비 적당량

### 곁들임
간장
와사비

## 만드는 방법

### 숙성
1   전갱이는 피를 빼고 아가미와 내장을 제거한 뒤, 물로 깨끗하게 씻는다.
2   키친타월로 물기를 닦는다.
3   내장을 제거한 부위에 키친타월을 채운 뒤, 해동지로 감싸고 그린 파치로 1번 더 감싸서 랩으로 포장한다.
4   냉장고에 넣고 24시간 동안 습식 숙성한다.

### 손질
1   숙성한 전갱이를 3장뜨기한다.
2   살쪽에 소금을 뿌려서 30분 동안 수분을 빼낸 뒤, 표면의 수분을 깨끗이 닦는다.
3   식초와 물을 1:1 비율로 섞은 식초물에 30분 동안 담가둔 뒤, 물로 씻고 물기를 닦아낸다.
4   가시 제거용 핀셋으로 남아 있는 잔가시를 깔끔하게 제거한 뒤, 껍질을 벗긴다.
5   얇게 슬라이스한다.

### 말기
1   김 위에 얇게 썬 전갱이 살을 올린다.
2   물기를 잘 짠 초생강과 차이브, 와사비를 올린다.
3   김밥 모양으로 단단하게 말아서 적당한 크기로 썬다.

### 마무리
간장, 와사비와 함께 낸다.

건식 숙성한 전갱이에 소금을 뿌려서 겉은 바삭하고 속은 촉촉하게 구워냈다.
숙성으로 응축된 감칠맛과 고소한 풍미가 어우러져,
전갱이 특유의 깊은 맛을 한층 더 끌어올린 매력적인 요리.

숙성회 요리 ②

# ◇◇◇◇ 전갱이 소금구이 ◇◇◇◇

## 재료(1인분)

전갱이(건식 숙성) 1마리
소금 적당량

**곁들임**
초생강
간 무(무를 강판에 간 것)
대파채(흰 부분을 실처럼 가늘게 채 썬 것)
간장
와사비

## 만드는 방법

### 손질 및 숙성

1   전갱이는 피를 빼고 아가미와 내장을 제거한 뒤, 물로 깨끗하게 씻는다.
2   키친타월로 물기를 닦는다.
3   전갱이를 포장하지 않고 누드 상태 그대로 간냉식 또는 숙성 전용 냉장고에 거꾸로 매달아서, 2일 동안 건식 숙성한다.

### 굽기

1   전갱이를 반으로 갈라 소금을 골고루 뿌린다.
2   어소기(생선용 가스 그릴)에 올려 먼저 속살을 익힌 뒤, 뒤집어서 껍질까지 바삭하게 굽는다.

### 마무리

간 무와 대파채, 초생강을 곁들이고 간장, 와사비와 함께 낸다.

크기가 70㎝ 이상 되는 대삼치를 건식으로 숙성한 뒤
간장, 맛술, 청주, 유자를 섞어 만든 유안야키 양념에 절여서,
겉은 바삭하고 속은 촉촉하게 구워냈다.

숙성회 요리 ③

# 대삼치 유안야키

## 재료(1인분)

대삼치(건식 숙성) 순살 300g
진간장 200㎖
맛술 200㎖
청주 200㎖
유자 1개

### 곁들임
대파채(흰 부분을 실처럼 가늘게 채썬 것)
간장
와사비

## 만드는 방법

### 손질 및 숙성
1  대삼치는 피를 빼고 내장과 아가미를 제거한 뒤, 물로 깨끗하게 씻고 물기를 닦는다.
2  간냉식 냉장고 또는 숙성 전용 냉장고에 거꾸로 매달아 건식 숙성하여, 살을 단단하게 만든다.
3  사용 직전에 3장뜨기해서 살을 분리한다.
4  잔가시는 가시 제거용 핀셋으로 제거한다.

### 유안야키 양념
진간장, 맛술, 청주에 유자 1개 분량의 과즙을 짜서 넣은 뒤, 골고루 섞어서 양념을 만든다.

### 절이기
대삼치 살을 양념에 30분 정도 절여서 감칠맛과 향이 스며들게 한다.

### 굽기
어소기(생선용 가스 그릴)에 먼저 살쪽이 아래로 가게 올려서 구운 뒤, 뒤집어서 껍질쪽까지 바삭하게 굽는다.

### 마무리
대파채를 곁들이고 간장, 와사비와 함께 낸다.

참돔 머리로 우려낸 맑고 깊은 육수에 소금으로 간을 맞추고,
건식 숙성한 참돔 살을 구워서 올린 요리.
담백한 국물에 구이의 감칠맛과 고소한 풍미가 더해져,
깊고 균형 잡힌 맛을 완성한다.

숙성회 요리 ④

# 참돔 맑은국

## 재료(1인분)

참돔 머리 1마리 분량
참돔(건식 숙성) 살 100g
소금 조금
다시마 20g
가쓰오부시 30g

## 곁들임

대파채(흰 부분을 실처럼 가늘게 채썬 것)
간장
와사비

## 만드는 방법

### 육수 준비

1 물 1ℓ에 다시마 20g을 넣고 약불로 15분 동안 뭉근하게 끓인다 (90℃).
2 물이 끓기 전 다시마를 건져내고 팔팔 끓인다. 다시마를 넣은 채로 팔팔 끓이면 잡미가 우러나므로 주의한다.
3 불을 끄고 한김 식혀서 90℃ 정도가 되면 가쓰오부시를 넣는다.
4 5분 동안 우린 뒤 건져낸다.
5 깨끗하게 손질한 참돔 머리를 육수에 넣고, 약불로 20분 동안 끓인다. 온도를 90℃로 유지하면 국물이 맑게 완성된다.
6 소금으로 간을 맞춘다.

### 참돔 구이

1 건식으로 숙성한 참돔 살을 어소기(생선용 가스 그릴)에 굽는다.
2 맑은 육수에 담근다.
※ 참돔 숙성 방법은 p.106 참조.

### 마무리

대파채를 올리고 간장, 와사비와 함께 낸다.

참돔을 24시간 습식 숙성한 뒤 3장뜨기하고,
다시 5시간 정도 건식 숙성으로 수분을 조절하여 완성하는 요리.
참돔 특유의 단단한 식감과 감칠맛이 뚜렷하게 드러나는
깔끔한 맛이 특징이다.

숙성회 요리 ⑤

# ◇◇◇◇ 참돔 숙성회 ◇◇◇◇

## 재료(1인분)

참돔(혼합 숙성) 1마리

### 곁들임
소금
간장
와사비

## 만드는 방법

### 손질
참돔은 피를 빼고 비늘과 아가미, 내장을 제거한 뒤, 물로 깨끗하게 씻고 물기를 닦는다.

### 숙성
1  내장을 제거한 부분에 키친타월을 채워 수분을 흡수시킨다.
2  해동지로 감싼 뒤 그린 파치로 1번 더 감싸고 랩으로 포장하여, 냉장고에 넣고 24시간 동안 습식 숙성한다.
3  숙성한 참돔을 3장뜨기한다.
4  살쪽에 소금을 뿌려 20분 동안 탈수시키고, 빠져나온 수분을 깨끗이 닦는다.
5  간냉식 냉장고에 넣고 5시간 동안 건식 숙성하여 표면을 말린다.
6  껍질을 벗기고 먹기 좋게 썰어서 완성한다.

### 마무리
소금, 간장, 와사비와 함께 낸다.

오도리쿠시[踊り串]는 생선을 춤을 추듯 휘어진 상태로 꼬치에 끼워 구워내는 요리다.
습식으로 숙성한 꽃돔에 쇠꼬치를 끼워 모양을 잡은 뒤, 소금을 뿌려 천천히 구워냈다.
꽃돔 특유의 단단하면서도 촉촉한 살결이 살아나고, 깊어진 감칠맛과 고소한 풍미가 어우러진다.

숙성회 요리 ⑥

# ◇◇◇◇ 꽃돔 오도리쿠시 ◇◇◇◇

## 재료(2인분)

꽃돔(습식 숙성) 2마리
쇠꼬치 2개
소금 적당량

**곁들임**
간장
와사비

## 만드는 방법

### 손질

1 꽃돔은 피를 빼고 비늘을 벗긴 뒤, 아가미와 내장을 제거하고 물로
   깨끗하게 씻는다.
2 키친타월로 물기를 닦는다.

### 숙성

1 내장이 있던 부위에 키친타월을 채운 뒤, 해동지로 감싸고 그린 파
   치로 1번 더 감싸서 랩으로 포장한다.
2 냉장고에 넣고 24시간 동안 습식 숙성한다.

### 모양 잡기

숙성한 꽃돔을 보기 좋게 구부려서 쇠꼬치에 꽂는다.

### 굽기

양면에 번갈아 소금을 뿌리면서 구워, 겉은 바삭하고 속은 촉촉하게 완
성한다.

### 마무리

간장, 와사비와 함께 낸다.

빙장에서 4일 정도 숙성한 고등어로 만든 초절임.
숙성으로 살이 부드러워지고 감칠맛이 응축된 고등어를 소금과 식초로 절여서,
고등어 특유의 산뜻한 풍미를 더욱 선명하게 살렸다.

숙성회 요리 ⑦

# 시메사바

## 재료(1인분)

고등어(빙장 숙성) 1마리
소금 적당량
식초(환만식초) 200㎖
물 200㎖
통깨 적당량

※ 식초와 물의 분량은 고등어 1마리 기준.

**곁들임**
간장
와사비

## 만드는 방법

### 손질

1  4일 동안 빙장 숙성한 고등어의 머리와 꼬리, 내장을 제거하고, 물로 깨끗하게 씻는다.
2  3장뜨기한다.

※ 빙장 숙성 방법은 p.86 참조.

### 절이기(소금 + 식초)

1  고등어 살에 소금을 수북히 덮고 3℃ 냉장고에서 1시간 동안 절인다.
2  식초와 물을 1:1 비율로 섞은 식초물에 담근 뒤, 3℃ 냉장고에서 30분 동안 절여 시메사바를 만든다.
3  완성된 시메사바를 차가운 물로 헹군 뒤 물기를 닦는다.

### 잔가시 & 껍질막 제거

1  가시 제거용 핀셋으로 잔가시를 꼼꼼히 제거한다.
2  투명한 껍질막을 벗기고 한입 크기로 썬다.

### 마무리

1  차즈기잎을 깔고 시메사바를 올린 뒤, 통깨를 갈아서 뿌린다.
2  간장, 와사비와 함께 낸다.

빙장 숙성으로 감칠맛이 살아난 고등어를 절여서 시메사바를 만든 뒤,
적당한 크기로 잘라 샤리(초밥용 밥) 위에 올려 초밥을 완성한다.
숙성을 통해 고등어 특유의 깊은 풍미가 증가하고,
살짝 따듯한 샤리와 산뜻한 시메사바가 잘 어울린다.

# 고등어 초밥

## 재료(1인분)

고등어(빙장 숙성) 1마리
소금 적당량
식초(환만식초) 200㎖
물 200㎖
샤리 적당량
와사비 적당량
쪽파 페스토 적당량

## 곁들임
간장
와사비

## 만드는 방법

### 손질

1   4일 동안 빙장 숙성한 고등어의 머리와 꼬리, 내장을 제거하고, 물로 깨끗하게 씻는다.
2   3장뜨기한다.

※ 빙장 숙성 방법은 p.86 참조.

### 절이기(소금+식초)

1   고등어 살에 소금을 수북히 덮고 3℃ 냉장고에서 1시간 동안 절인다.
2   식초와 물을 1:1 비율로 섞은 식초물에 담근 뒤, 3℃ 냉장고에서 30분 동안 절여 시메사바를 만든다.
3   완성된 시메사바를 차가운 물로 헹군 뒤 물기를 닦는다.

### 잔가시 & 껍질막 제거

1   가시 제거용 핀셋으로 잔가시를 꼼꼼히 제거한다.
2   투명한 껍질막을 벗기고 먹기 좋은 크기로 썬다.

### 초밥 만들기

1   샤리를 한입 크기로 쥔다.
2   샤리 위에 와사비를 살짝 펴 바르고 시메사바를 올린다.
3   풍미를 살리기 위해 쪽파 페스토를 조금 올린다.

### 마무리
간장, 와사비와 함께 낸다.

4일 동안 빙장 숙성한 고등어로 만든 시메사바를 사용한 봉초밥.
일본에서는 봉초밥을 「보즈시[棒寿司]」라고 하며,
좁고 긴 틀에 넣고 눌러서 만들거나 김밥처럼 둥글게 말아서 완성한다.

숙성회 요리 ⑨

◇◇◇◇ **고등어 봉초밥** ◇◇◇◇

## 재료(1인분)

고등어(빙장 숙성) 1마리
소금 적당량
식초(환만식초) 200㎖
물 200㎖
초생강 적당량
와사비 적당량
샤리(초밥용 밥) 적당량
통깨 적당량

## 곁들임

김
간장
와사비

## 만드는 방법

### 손질

1   4일 동안 빙장 숙성한 고등어의 머리와 꼬리, 내장을 제거하고 물로 깨끗하게 씻는다.
2   3장뜨기한다.

※ 빙장 숙성 방법은 p.86 참조.

### 절이기(소금＋식초)

1   고등어 살에 소금을 수북히 덮고 3℃ 냉장고에서 1시간 동안 절인다.
2   식초와 물을 1:1 비율로 섞은 식초물에 담근 뒤, 3℃ 냉장고에서 30분 동안 절여 시메사바를 만든다.
3   완성된 시메사바를 차가운 물로 헹군 뒤 물기를 닦는다.

### 잔가시 & 껍질막 제거

1   가시 제거용 핀셋으로 잔가시를 꼼꼼히 제거한다.
2   투명한 껍질막을 벗긴다.

### 말기

1   고등어 살 위에 샤리, 초생강, 와사비를 올려 김밥 모양으로 만다.
2   먹기 좋은 크기로 썬다.

### 마무리

통깨를 갈아서 솔솔 뿌려주고 김, 간장, 와사비와 함께 낸다.

숙성 고등어로 만든 시메사바를 시원한 소바 위에 올려서 즐기는 요리.
시메사바의 산뜻한 감칠맛과 소바의 담백함이 어우러져,
깔끔하면서도 깊은 맛을 느낄 수 있다.

숙성회 요리 ⑩

# ◇◇◇◇ 고등어 소바 ◇◇◇◇

## 재료(1인분)

시메사바 1/2 마리
소바면 150g
물 1800㎖
진간장 220㎖
맛술 220㎖
설탕 80g
다시마 20g
가쓰오부시 30g
차이브 적당량
통깨 적당량

**곁들임**
간 무

## 만드는 방법

### 육수 준비

1  냄비에 물, 진간장, 맛술, 설탕, 다시마를 넣고 끓인다.
2  물이 끓기 전에 다시마를 건져낸다.
3  끓어오르면 불을 끄고 한김 식힌 뒤, 가쓰오부시를 넣고 5분 동안 우려낸다.
4  가쓰오부시를 모두 건져내고 상온에서 식힌 뒤, 냉장고에 넣어 차갑게 식힌다.

### 면 삶기

소바면을 1분 30초~2분 정도 삶은 뒤 찬물에 헹군다.

### 완성

1  그릇에 소바면을 담고 얇게 썬 시메사바(p.149 참조)를 올린다.
2  차이브와 통깨를 살짝 뿌린 뒤, 준비한 차가운 육수를 부어 완성한다.

### 마무리

간 무와 함께 낸다.

건식으로 숙성한 양태를 간장 베이스의 일본식 조림 양념에 넣고,
뭉근하게 조려서 완성하는 요리.
숙성을 통해 깊어진 양태의 풍미가 양념과 어우러져 맛이 진하고 담백하다.
부드럽게 익은 양태 살과 무의 감칠맛이 조화롭다.

숙성회 요리 ⑪

# ◇◇◇◇ 양태 무조림 ◇◇◇◇

## 재료(1인분)

양태(건식 숙성) 1마리
간장 150㎖
맛술 150㎖
물 450㎖
설탕 70g
생강 조금
무 적당량

## 곁들임
간 무
간장
와사비

## 만드는 방법

### 숙성
1 양태는 피를 빼고 아가미와 내장을 제거한 뒤, 깨끗하게 씻고 물기를 닦는다.
2 간냉식 냉장고에 거꾸로 매달아 1일 동안 건식 숙성하여 살을 단단하게 만든다.

### 손질 및 양념 준비
1 숙성한 양태를 먹기 좋은 크기로 자른다.
2 무는 도톰하게 썬다.
3 간장, 맛술, 물, 설탕, 생강 1조각을 넣어 조림 양념을 만든다.

### 조리기
1 양념에 양태살과 무를 넣고 센불에 올려서 가열한다.
2 끓어오르면 중약불로 줄이고 10~15분 정도 조려서 완성한다.

### 마무리
간 무, 간장, 와사비와 함께 낸다.

1주일 이상 습식 숙성해서 감칠맛을 끌어올린 뿔돔에 소금을 뿌려 구워낸 요리.
숙성으로 풍미가 농축된 살은 굽는 동안 지방이 은은하게 올라와,
고소한 맛과 감칠맛을 동시에 즐길 수 있다.

숙성회 요리 ⑫

# ◇◇◇◇ 뿔돔 소금구이 ◇◇◇◇

**재료(1인분)**

뿔돔(습식 숙성) 1마리
소금 적당량

**곁들임**
라임
초생강
간장
와사비

**만드는 방법**

**손질**

1 뿔돔은 피를 빼고 내장과 아가미를 제거한 뒤, 비늘을 벗기고 물로 깨끗하게 씻는다.
2 키친타월로 물기를 닦는다.

**습식 숙성**

1 내장을 제거한 부위에 키친타월을 채운 뒤, 해동지로 감싸고 그린 파치로 1번 더 감싸서 랩으로 포장한다.
2 냉장고에 넣고 1주일 동안 습식 숙성하여 감칠맛을 끌어올린다.

**굽기**

생선에 칼집을 넣고 소금을 고르게 뿌린 뒤, 어소기(생선용 가스 그릴)에 넣고 겉을 바삭하게 굽는다.

**마무리**

라임, 초생강, 간장, 와사비와 함께 낸다.
뿔돔 살 위에 라임을 살짝 짜서 뿌리면 또 다른 풍미를 즐길 수 있다.

꼬치고기 살에 소금을 뿌려 건식 숙성한 뒤 기름에 살짝 튀겨낸다.
겉은 바삭하고 속은 촉촉하며,
건식 숙성으로 응축된 풍미와 고소한 맛이 선명하게 느껴진다.

숙성회 요리 ⑭

# 옥돔 우로코야키

## 재료(1인분)

옥돔(습식 숙성) 1마리
튀김용 기름 적당량

**곁들임**
폰즈 소스
와사비

## 만드는 방법

### 손질

1 옥돔은 피를 빼고 아가미와 내장을 제거하는데, 비늘은 벗기지 않는다.
2 물로 깨끗하게 씻고 키친타월로 물기를 닦는다.

### 습식 숙성

1 내장이 있던 부위에 키친타월을 넣어 수분을 흡수시킨다.
2 해동지로 감싸고 그린파치로 1번 더 감싼 뒤, 진공 포장하여 냉장고에 넣고 습식 숙성을 진행한다.

### 3장뜨기

1 3장뜨기한 뒤, 가시 제거용 핀셋으로 잔가시를 제거한다.
2 살쪽에 소금을 골고루 뿌리고 먹기 좋은 크기로 자른다.

### 튀기기+굽기

1 비늘쪽에 185℃로 가열한 기름을 부어, 비늘을 바삭하게 튀긴다.
2 비늘이 바삭해지면 통째로 기름에 넣고 2분 동안 튀긴다.

### 마무리

1 접시에 폰즈 소스를 담고 옥돔을 비늘이 위로 가게 올린다.
2 와사비와 함께 낸다.

숙성한 연어를 잘게 다진 뒤 크림치즈를 섞어서 만드는 타르타르.
숙성 연어의 깊은 맛에 크림치즈의 부드러움이 더해져,
고소하면서도 산뜻한 풍미가 특징이다.

숙성회 요리 ⑮

# ◇◇◇◇ 연어 크림치즈 타르타르 ◇◇◇◇

### 재료(1인분)

연어(습식 숙성) 살 100g
크림치즈 100g
소금 조금
굵은 후추 조금

### 토핑
쪽파 3g
튀긴 카다이프 5g
프리세 1줄기
레디시 슬라이스 1장
레드 소렐 잎 1장

### 만드는 방법

**재료 준비**
연어 살을 한입 크기로 먹기 좋게 썰어서 준비한다.

※ 연어 숙성 방법은 p.120 참조.

**버무리기**
믹싱볼에 연어 살을 넣고 크림치즈, 소금, 굵은 후추를 넣어 부드럽게 섞어준다.

**모양 잡기**
원형 몰드에 넣어 모양을 잡고 토핑을 보기 좋게 올린다.

습식으로 하루 동안 숙성한 대방어를 건식으로 한 번 더 숙성한다.
숙성을 거치며 지방층이 안정되어,
방어 특유의 기름진 풍미와 감칠맛이 한층 도드라진다.

# 대방어 숙성회

## 재료(2인분)

대방어(혼합 숙성)
  등살 200g
  뱃살 200g
  목살(가마살) 30g
  배꼽살 30g

## 곁들임
김
간장
와사비
소금
참기름장

## 만드는 방법

### 손질

1   살아 있는 대방어를 이케지메 및 신케지메 처리한다.
2   피를 빼고 아가미와 내장을 제거한 뒤, 칼로 껍질을 얇게 벗긴다(스키비키).
3   물로 깨끗하게 씻고 물기를 닦는다.

### 습식 숙성

1   내장이 있던 부위에 키친타월을 채워서 수분을 흡수시킨다.
2   해동지로 감싼 뒤 그린 파치로 1번 더 감싸서 진공 포장한다.
3   아이스박스에 물과 얼음을 채우고 진공 포장한 대방어를 넣은 뒤, 냉장고에서 24시간 동안 습식 숙성한다.

### 3장뜨기

1   3장뜨기한다.
2   살쪽에 소금을 뿌려 삼투압으로 수분을 빼낸다.
3   20분 정도 뒤에 표면에 배어나온 수분을 키친타월로 닦는다.

### 건식 숙성

간냉식 냉장고에 넣고 5~6시간 정도 건식 숙성하여 표면을 말린다.

### 마무리

대방어를 부위별로 먹기 좋은 크기로 썰어서 김, 간장, 와사비와 함께 낸다. 취향에 따라 소금이나 참기름장을 곁들여도 좋다.

숙성 대방어를 얇게 저며서 만든 카르파치오.
대방어의 고소한 기름기와 깊은 풍미가 살아 있으며,
올리브오일과 레몬즙을 더해 부드럽고 산뜻하게 즐길 수 있다.

숙성회 요리 ⑰

# ◇◇◇◇  대방어 카르파치오  ◇◇◇◇

## 재료(1인분)

대방어(습식 숙성) 등살 100g
엑스트라버진 올리브오일 2㎖
소금 1g
후추 1g
레몬즙 2㎖
차이브 1g

## 만드는 방법

### 숙성

1   24시간 동안 습식 숙성한 대방어를 3장뜨기한다.
2   살쪽에 소금을 뿌려 수분을 제거한다.

### 썰기

대방어 살을 먹기 좋은 크기로 얇게 썬다.

### 마무리

1   대방어 살 위에 엑스트라버진 올리브 오일, 소금, 후추, 레몬즙을 뿌린다.
2   잘게 썬 차이브를 보기 좋게 뿌린다.

건식으로 숙성한 생참치를 잘게 다져서 만든 타르타르를,
바삭하게 튀긴 김으로 만든 틀 속에 채웠다.
숙성한 아카미의 깊은 풍미와 김의 바삭한 식감이 잘 어울린다.

숙성회 요리 ⑱

# ◇◇◇◇ 참다랑어 아카미 타르타르 ◇◇◇◇

## 재료(1인분)

참다랑어(건식 숙성) 속살 40g
김 1/3장
튀김가루 10g
물 적당량
빵가루 1g
튀김용 기름 적당량
샤리(초밥용 밥) 30g
날치알 2g

### 곁들임

간장
와사비

## 만드는 방법

### 틀 만들기

1  김을 원형틀 겉에 말아서 둥글게 모양을 잡아준다.
2  튀김가루와 물을 섞어서 김 겉면에 튀김옷을 입힌다.
3  빵가루를 살짝 묻힌 뒤 원형틀과 함께 바삭하게 튀긴다.
4  건져서 원형틀을 분리한다.

### 속 채우기

1  김 틀 속에 샤리를 채운다.
2  그 위에 숙성한 참다랑어 속살(아카미)을 작게 잘라서 올려준다.
3  풍미와 식감을 위해 날치알을 올린다.

※ 참다랑어 숙성 방법은 p.117 참조.

### 마무리

간장, 와사비와 함께 낸다.

후토마키[太巻き]는 여러 가지 해산물을 넣고 두껍게 만 일본식 김초밥이다.
숙성회와 다시마키(일본식 달걀말이), 새우튀김, 간표(박고지 조림)를 넣어,
다양한 재료가 한입에 어우러지며 바삭함과 감칠맛, 고소함을 모두 느낄 수 있다.

숙성회 요리 ⑲

# ◇◇◇◇ 해산물 후토마키 ◇◇◇◇

## 재료(1인분)

숙성회(연어, 광어, 참치 속살) 20g씩
샤리(초밥용 밥) 적당량
새우튀김* 1개
다시마키(일본식 계란말이)* 30g
간표(박고지 절임) 1줄

### 새우튀김

흰다리새우 1마리
튀김가루 적당량
물 적당량
튀김용 기름 적당량

### 다시마키

달걀 5개
설탕 2큰술
혼다시 1/3큰술
물 75㎖
식용유 적당량

### 곁들임

간장
와사비

## 만드는 방법

### 숙성회 준비

연어, 광어, 참치 속살을 손질해서 길게 가지런히 썬다.

### 새우 튀김

흰다리새우의 머리와 껍질을 제거하고 튀김옷을 입혀 바삭하게 튀긴다.

### 다시마키

1  식용유를 제외한 다른 재료를 잘 섞어서 달걀물을 만든다.
2  사각 프라이팬에 기름을 두르고 얇게 부어서 굽다가, 표면이 70~80% 정도 익으면 앞에서 뒤로 돌돌 만다.
3  말아놓은 달걀을 앞쪽으로 옮기고 다시 기름을 살짝 두른 뒤 달걀물을 붓는다. 이때 앞쪽으로 옮겨놓은 달걀말이를 들어 올려 달걀물이 밑으로 흐르게 한다.
4  같은 방법으로 돌돌 말아준다.
5  이 과정을 6~7번 반복하여 다시마키를 완성한다.
6  길게 가지런히 썬다.

### 말기

1  김 위에 샤리를 넓게 펴고 숙성회, 새우튀김, 다시마키, 간표를 올린다.
2  김밥 모양으로 단단하게 말아서 적당한 크기로 썬다.

### 마무리

간장, 와사비와 함께 낸다.

신선한 해산물을 밥 위에 올려 먹는 일본식 해산물 덮밥, 가이센동[海鮮丼].
숙성 연어와 참치를 따뜻한 밥 위에 올리고, 성게알, 연어알, 단새우를 더해 완성한다.
숙성회의 감칠맛과 다양한 해산물의 풍미가 조화를 이루어, 부드럽고 깊은 맛을 즐길 수 있다.

숙성회 요리 ⑳

# 가이센동

## 재료(1인분)

연어(습식 숙성) 살 100g
참다랑어(건식 숙성) 속살 100g
밥 적당량
성게알 적당량
연어알 적당량
단새우 적당량

**곁들임**
김
간장
와사비

## 만드는 방법

### 재료 준비
숙성한 연어 살과 참다랑어 속살을 한입 크기로 썬다. 단새우는 몸통의 껍질만 제거하고 사용한다.

### 덮밥 만들기
오목한 그릇에 따뜻한 밥을 담은 뒤 연어 살, 참치 속살, 단새우, 성게알, 연어알을 골고루 올린다. 김, 간장, 와사비와 함께 낸다.

### 먹는 방법
김에 밥과 회를 조금씩 싸서, 와사비를 푼 간장에 찍어서 먹는다. 또는 김에 밥과 회, 와사비를 올리고 간장에 찍어서 먹는다. 재료 본연의 맛을 느끼고 싶다면 간장은 조금만 찍는 것이 좋다.

삶아낸 우동면 위에 숙성한 참치, 대방어, 연어를 올리고 성게알과 연어알로 풍미를 더한 요리.
청귤을 넣어 만든 상큼한 소스가 전체적인 맛을 산뜻하게 잡아준다.
이나니와[稻庭]우동은 일본의 3대 우동 중 하나로,
얇고 매끄러운 면을 건조시켜 만든다.

## 숙성회 요리 ㉑

◇◇◇◇ **해산물 이나니와 우동** ◇◇◇◇

### 재료(1인분)

숙성회
  참치(아카미) 30g
  연어 30g
  대방어 40g
성게알 10g
연어알 3g
이나니와 우동면 50g

### 소스

쓰유 200㎖
물 350㎖
설탕 50g
혼다시 10g
맛술 350㎖
식초 30㎖
청귤 1개

### 곁들임

오크라
바다포도

### 만드는 방법

#### 소스 준비

1  냄비에 쓰유, 물, 설탕, 혼다시, 맛술을 넣고 끓인다.
2  불을 끄고 완전히 식힌 뒤 식초를 넣고, 청귤 1개 분량의 과즙을 짜서 풍미를 더한다.
3  냉장고에 넣고 차갑게 식힌다.

#### 면 삶기

우동면을 2분 30초 동안 삶은 뒤 찬물에 헹궈서 식힌다.

#### 마무리

1  면을 그릇에 담고 참치, 대방어, 연어, 성게알, 연어알을 골고루 올린다.
2  준비된 차가운 소스를 붓는다.
3  취향에 따라 오크라와 바다포도를 곁들인다.

식초로 양념한 밥 위에 다양한 재료를 흩뿌리듯 올리는 지라시즈시[ちらしずし]는,
한 그릇 안에서 다양한 식감과 풍미를 즐길 수 있는 요리다.
숙성 생선의 감칠맛과 다시마키의 부드럽고 달콤한 풍미가 잘 어울린다.

숙성회 요리 ㉒

# ◇◇◇◇  지라시즈시  ◇◇◇◇

## 재료(1인분)

숙성회
  참치 아카미 50g
  연어 살 50g
다시마키(일본식 달걀말이) 30g
샤리(초밥용 밥)* 200g
한련화 잎 2장
레드 소렐 잎 1장
어린잎채소 5g
레디시 슬라이스 2장
아미초(식용) 1줄

### 샤리
흰밥 200g
초대리 24g

### 곁들임
간장
와사비

## 만드는 방법

### 재료 준비
1  참치 아카미와 연어 살을 먹기 좋게 한입 크기로 썬다.
2  다시마키를 큐브 모양으로 썬다.

### 샤리 준비
1  따뜻한 밥에 초대리를 섞어서 샤리를 만든다.
2  지나치게 뜨겁거나 차갑게 식지 않도록, 미지근한 상태를 유지한다.

### 마무리
1  그릇에 샤리를 넓게 펴서 담고, 준비한 참치, 연어, 다시마키, 채소를 골고루 올린다. 취향에 따라 성게알, 연어알 등을 추가해도 좋다.
2  간장, 와사비와 함께 낸다.

단새우를 트레할로스 용액에 담그면 단맛이 한층 선명해지고,
살결은 촉촉하면서도 탄력 있게 살아난다.
새우 본연의 풍미와 식감을 더욱 또렷하게 즐길 수 있는 요리.

숙성회 요리 ㉓

# ◇◇◇◇ 단새우 회 ◇◇◇◇

## 재료(1인분)

단새우 5마리
물 1ℓ
트레할로스 30g
소금 20g

**곁들임**
간장
와사비

## 만드는 방법

### 트레할로스 용액 준비
차가운 물에 트레할로스와 소금을 넣고 완전히 녹인다.

### 절이기
트레할로스 용액에 1분 동안 단새우를 담가둔다.

### 헹구기
찬물로 살짝 헹구고 물기를 제거한 뒤, 몸통 껍질을 벗긴다.

### 마무리
간장, 와사비와 함께 낸다.

# ◇◇◇◇ 물고기는 스트레스에 약하다 ◇◇◇◇

물고기는 강해 보이지만, 실제로는 그리 강한 생물이 아니다. 수온을 비롯한 주변 환경의 변화에 민감하고, 특히 스트레스에 매우 취약하다.

물고기는 사람의 손에 잡히거나 좁은 수조로 옮겨지면 강한 스트레스를 받는데, 이때 몸속에서는 「코르티솔(Cortisol)」 같은 스트레스 호르몬이 분비되고, 산소 소비량이 증가하면서 호흡이 가빠진다. 동시에 근육에는 젖산이 축적되고 ATP가 빠르게 소모된다. 이러한 변화는 사후경직을 앞당기며, 결과적으로 선도 저하와 부패 진행을 가속화할 수 있다.

심한 스트레스를 받은 물고기는 몸속 에너지가 급격히 소모되고 근육에 변화가 생기면서, 사후경직이 빨리 오고 살이 쉽게 물러진다. 그 결과 숙성을 해도 탄력이 떨어져, 식감과 맛이 충분히 살아나지 않는다.

실제로 수족관에 막 들어온 생선을 잡아서 손질하면 살이 푸석하고 쉽게 물러지는 경우가 많다. 활어 운반용 물탱크 속 좁은 공간에 갇혀서 장시간 이동하며 받은 스트레스와 산소 부족 때문이다. 스트레스로 인해 ATP가 급격히 소모되고, 전반적인 건강 상태가 나빠지는 것이다. 그러나 수족관에서 충분히 안정을 취하면 몸속 ATP가 서서히 회복되고, 살도 다시 단단해진다. 따라서 좋은 품질의 생선을 얻기 위해서는 무엇보다 스트레스를 줄이는 것이 중요하다.

이런 이유로 일본에서는 오래전부터 이케지메[活け締め]와 신케지메[神経締め] 같은 방법을 사용해왔다. 이러한 방법들은 생선이 받는 고통과 스트레스를 줄여주어 근육의 품질

을 지켜주며, 결과적으로 숙성 과정에서 최상의 맛과 식감을 내는 데 도움이 된다.

물고기는 결코 강한 존재가 아니다. 눈에 보이지 않는 스트레스가 곧바로 살의 상태에 영향을 미치고, 이는 맛과 품질로 이어진다. 결국 맛있는 생선 요리를 만드는 것은, 생선의 고통과 스트레스를 줄여주는 데서 출발한다.

## 낚시로 잡은 생선, 어떻게 가져갈까?

낚시를 통해 잡은 생선에도 같은 원리가 적용된다. 많은 낚시인들이 생선을 오래 살려두기 위해 꿰미에 끼워 바닷물에 담가두거나, 바닷물을 채운 아이스박스에 넣어 보관한다. 이러한 방식이 틀린 것은 아니지만 살아 있는 상태에서 장시간 스트레스를 받으면, ATP가 급격히 소모되어 살이 쉽게 물러지고 맛과 품질이 저하된다. 따라서 낚시로 잡은 생선을 집으로 가져가야 한다면, 스트레스를 줄이기 위해 잡은 즉시 숨통을 끊는 이케지메, 신케지메, 지누키를 시행하고, 얼음을 가득 채운 아이스박스에 넣어 보관하는 것이 가장 좋다.

실제로 배에서 잡은 생선을 바로 손질하여 얼음에 보관한 경우와, 오랜 시간 살아 있는 상태로 운반한 경우를 비교해 보면, 차이는 더욱 명확하게 드러난다. 빠르게 처리한 생선이 훨씬 탄력 있고 맛이 좋다.

생선이 살아 있더라도 오랜 시간 스트레스를 받아 이미 상태가 저하된 경우에는, 건강한 상태에서 즉시 처리한 생선에 비해 품질이 떨어질 수밖에 없다는 것을 잊지 말자.

# ◇◇◇◇ 양식 생선 · 자연산 생선 · 제철 생선 ◇◇◇◇

새벽 수산시장에 가면 각 산지에서 올라온 다양한 생선이 경매에 나온다. 광어처럼 흔한 어종부터 드물게 보는 희귀한 어종까지 날마다 마주하다 보면, 처음에는 모두 비슷해 보이던 생선들이 사실은 전부 다르게 생겼다는 것을 알게 된다.

사람도 마찬가지다. 겉모습은 비슷해 보여도 키, 체격, 체중이 모두 다르다. 생선 역시 같은 어종이라도 건강 상태, 크기, 무게 등이 각각 다르며, 때로는 상처나 장애가 있는 생선도 있다. 그래서 우리는 그중에서도 가장 건강하고 살이 단단한 생선을 골라야 한다. 잘 고른 생선과 그렇지 않은 생선은 가격과 맛도 다르고, 숙성에 걸리는 시간과 결과 또한 달라진다.

생선은 대부분 자연환경에서 자유롭게 살아간다. 사람처럼 강하게 자라기도 하고, 약해서 병에 걸리기도 하며, 살아가는 과정에서 상처를 입거나 뼈가 부러지기도 한다. 따라서 생선을 공부하고 다룰 때 반드시 기억해야 할 사실은, 「모든 생선은 전부 다르다」는 것이다. 이 사실만 기억해도, 날마다 만나는 생선들이 새롭게 보일 것이다.

## 양식 생선 vs 자연산 생선

양식 생선은 같은 환경에서 사람이 공급하는 먹이를 먹으며 자란다. 덕분에 영양 상태와 건강 상태는 대체로 양호하지만, 활동량이 부족해서 ATP 함량이 낮고 살의 탄력이 떨어지는 편이다.

반면, 자연산 생선은 스스로 먹이를 찾고 변화하는 환경과 높은 수압을 견디며 살아가기 때문에, 운동량이 많아서 ATP 함량이 높고 살이 질기며 단단하다. 그런데 건강하게 자란 자연산 생선은 양식보다 훨씬 뛰어나지만, 자연의 경쟁에서 밀려난 개체는 자연산이라도 오히려 양식 생선보다 못할 때가 있다.

이처럼 자연산 생선은 개체 차이가 크다. 좋은 개체는 탁월하지만, 그렇지 않은 경우도 많다. 양식 생선은 전반적으로 균일하고 안정적이지만, 근육의 단단한 정도에서는 자연산에 미치지 못한다. 아무리 좋은 유전자를 타고나도 양식장에서 자란 생선의 근육은, 자연에서 먹이를 찾아 헤엄치고 수온을 따라 이동하는 생선의 근육만큼 단단해질 수 없는 것이다.

숙성을 하는 경우에도 근육이 단단하고 건강한 자연산 생선은, ATP 함량이 높아 맛이 더 깊어진다. 반대로 양식 생선은 살이 통통하고 건강해 보이더라도, 활동량이 적어 오래 숙성하기 어렵고 살이 쉽게 물러지는 경향이 있다.

다만 무조건 자연산이 좋다는 뜻은 아니다. 양식 기술은 꾸준히 발전하고 있으며, 이미 숙성에 적합하고 품질이 뛰어난 양식 생선이 유통되고 있다.

## 자연산 광어 vs 양식 광어

광어는 대표적인 흰살생선으로, 계절과 상태에 따라 다양한 맛을 즐길 수 있다. 특히 자연산과 양식은 같은 어종이라도 근육의 구조, 수분 비율, 지방 함량, 그리고 ATP 보유량 등에서 큰 차이를 보이며, 이러한 요소들이 숙성 과정 전반에 직접적인 영향을 미친다.

자연산 광어는 넓은 바다에서 활발하게 활동하기 때문에 근육 섬유가 단단하게 발달하고, 몸속 수분 함량이 상대적으로 낮다. 또한 죽기 직전까지 활어 상태로 관리되는 경우가 많아, ATP가 충분히 남아 있는 상태에서 사후 변화가 시작된다. 이러한 특징 덕분에 자연산 광어는 숙성이 천천히 진행되며, 시간이 지날수록 감칠맛이 점점 깊어진다. 일반적으로 2~5일 정도 숙성하면 안정적인 식감과 풍미를 확보할 수 있다.

반면, 양식 광어는 좁은 환경에서 활동이 제한된 상태로 자라기 때문에, 근육 섬유가 상대적으로 약하고 몸속 수분 함량이 높다. 또한 양식 과정에서 받는 지속적인 스트레스는 ATP 소모로 이어져서, 일부 개체는 죽는 시점부터 ATP 함량이 낮게 나타나기도 한다. 이 때문에 숙성 속도가 빠르고, 1~2일 이내에 가장 좋은 상태를 보이다가 그 이후에는 식감이 급격히 무너질 수 있다. 또한 지방 함량이 충분해 숙성 초기에 고소하고 부드러운 맛이 뛰어나지만,

ATP 함량이 낮고 수분이 많아서 장기 숙성에는 적합하지 않다.

한마디로 말하면, 자연산 광어는 숙성 기간이 길수록 감칠맛이 안정적으로 깊어지며 깊은 맛이 살아난다. 양식 광어는 짧은 숙성으로 풍부한 지방의 맛을 즐길 수 있지만, 자연산 광어보다 ATP 함량이 낮아 에너지의 양이 적기 때문에 숙성할 수 있는 기간이 짧고 관리도 어렵다. 결국 어느 쪽이 우위에 있다기보다는, 각각의 특성을 이해하고 목적에 맞는 숙성 방법을 선택하는 것이 중요하다.

# 제철 생선

제철 생선이란 단순히 그 계절에 잡히는 생선이 아니라, 그 계절에 가장 맛이 좋은 생선을 뜻한다. 예를 들어 민어는 여름이 제철인데, 이때 살이 오르고 지방이 차올라 풍미가 깊어진다. 전어는 가을이 제철로, 역시 이 시기에 지방 함량과 감칠맛이 절정에 달한다. 반대로 겨울에는 민어와 전어 모두 살이 없고 맛이 떨어지기 때문에 제철이 아니다.

이처럼 모든 생선은 맛있는 시기가 있다. 참돔은 봄, 청어는 여름, 전어는 가을, 방어는 겨울처럼 각각 최상의 맛을 내는 시기가 있으며, 이를 제철이라고 한다. 제철 생선의 특징은 다음과 같다.

### ❶ 지방 함량

대부분의 생선은 산란기를 앞두고 지방을 축적한다. 이때 불포화지방산이 늘어나 고소한 맛과 감칠맛이 강해지기 때문에, 어종마다 차이는 있지만 산란기 전에 제철을 맞는 경우가 많다. 반대로 산란 직후에는 영양분이 빠져나가 살이 퍽퍽하고 맛이 떨어진다.

### ❷ 감칠맛

생선이 죽으면 근육 속 ATP가 분해되어 IMP가 생성되는데, IMP는 감칠맛의 주요 성분이다. 제철 생선은 건강하고 영양 상태가 좋아서 ATP 저장량이 충분하기 때문에, 사후 숙성 과정에서 비교적 많은 양의 IMP가 형성되어 감칠맛이 뛰어나다.

### ❸ 계절에 따른 차이

수온이 낮은 겨울에는 대사 활동이 줄어 에너지 소비가 적고, 지방이 쉽게 축적되어 육질이 단단하고 고소한 맛이 난다. 반대로 여름에는 수온 상승과 산란 등으로 에너지 소모가 커서 지방 함량이 낮아지고, 수분 비율이 상대적으로 높아져 육질이 부드럽고 담백하다.

### ❹ 영양적 가치

제철 생선은 영양이 풍부하다. 예를 들어 가을이 제철인 고등어나 겨울이 제철인 방어 같은 등푸른생선은, 제철에 특히 오메가-3 지방산의 함량이 높아 두뇌 건강과 혈액순환에 도움이 된다.

지방은 제철 생선의 맛과 식감에서 핵심적인 역할을 한다. 예를 들어 청어는 여름이 제철로, 여름 청어는 지방이 풍부하고 살이 올라 맛이 좋다. 그러나 늦가을~초봄의 산란기가 지나면 살과 지방이 줄어들어 맛이 크게 떨어진다. 산란 전 지방이 많은 청어와 산란 후 청어는 다른 생선이라 할 만큼 맛에서 큰 차이를 보인다.

또한 지방이 많은 청어는 근육 내외부에 분포한 지방이 산소가 단백질에 닿는 속도를 늦춰 갈변을 지연시키지만, 지방이 적은 청어는 단백질이 산소에 쉽게 노출되어 갈변이 빨리 진행된다. 갈변은 미오글로빈이 산소와 반응하여 일어나는 현상이며, 지방은 이 과정을 늦추는 역할을 한다.

방어 역시 마찬가지다. 「여름 방어는 개도 안 먹는다」라는 말이 있을 정도로 맛이 떨어진다. 여름에는 지방이 빠지고 살이 마르기 때문이다. 그러나 제철인 겨울이 되면 지방이 차올라 살이 통통해지고 풍미가 훨씬 좋아진다.

그렇다면 지방이 많은 생선과 적은 생선은 숙성 과정에서도 차이가 있을까?

물론 차이가 있다. 지방이 많은 생선은 수분 함량이 상대적으로 적고 근육 내외부에 지방이 분포하여 세포 사이를 채워주기 때문에, 수분이 일부 빠져나가더라도 살이 쉽게 푸석해지지 않는다. 덕분에 숙성 과정에서도 식감이 비교적 잘 유지되고, 숙성 기간을 더 길게 유지할 수 있다.

또한 지방은 산화가 빠른 단점이 있지만, 산패되기 전까지의 적절한 산화는 풍미를 더해주고, 숙성으로 생성된 감칠맛 성분과 어우러져 맛을 더욱 풍부하게 만들어준다.

# 흰살생선 · 붉은살생선 · 등푸른생선

생선은 근육의 색과 성질에 따라 크게 흰살생선과 붉은살생선으로 나눌 수 있다.

흰살생선은 근육 대부분이 백색근으로 이루어져 미오글로빈 함량이 낮으며, 살빛이 희고 담백한 맛이 난다. 광어, 도다리, 우럭, 도미 등이 흰살생선에 속하며, 지방은 적지만 깔끔하고 섬세한 풍미가 특징이다.

붉은살생선은 근육에 적색근과 혈관이 많아 선명한 붉은빛을 띠고, 미오글로빈 함량이 높아 풍미가 진하다. 참치나 가다랑어, 청어 등이 대표적이며, 숙성하면 감칠맛이 더욱 깊어진다.

한편 등푸른생선은 학술적 근육 분류라기보다 형태·생태적 분류로, 등은 푸르고 배는 은빛을 띠는 회유성 어종을 가리킨다. 고등어, 전어, 꽁치, 방어 등이 등푸른생선에 속하며, 적색근과 백색근이 섞인 중간근이 발달하여 지방 함량이 높고 고소한 맛이 뛰어나다. 다만 지방 산화가 빠르므로, 신선도 관리가 특히 중요하다.

# 흰살생선(White Fish)

- **특징** : 근육 대부분이 백색근으로 이루어져 미오글로빈 함량이 낮고, 살빛은 흰색 또는 옅은 분홍색을 띤다.
- **운동 방식** : 주로 짧은 거리에서 순간적인 힘을 발휘하는 어종으로, 평소에는 느리게 움직이다가 포식자를 피할 때 순간적으로 빠르게 달아난다.
- **맛** : 지방 함량이 낮아 담백하고 깔끔한 맛이 나며, 숙성하면 아미노산과 IMP가 늘어나 단맛이 더욱 살아난다.
- **대표 어종** : 광어, 도다리, 가자미, 우럭, 대구, 참돔, 감성돔, 농어, 민어, 옥돔 등

**흰살생선 「광어」**
광어의 정식 명칭은 넙치다. 대표적인 흰살생선으로, 1~3일 정도 숙성하면 감칠맛과 고소한 풍미가 깊어진다. 혈합육이 적어 잡내가 거의 없고, 지느러미살(엔가와)은 특히 고소하고 식감이 좋다.

## 연 어 는 흰 살 생 선 이 다

연어는 붉은빛을 띠지만 흰살생선이다. 근육 자체는 백색근이 중심인데 살이 붉게 보이는 이유는, 먹이인 크릴과 새우에 들어 있는 「아스타잔틴(Astaxanthin)」 색소가 근육에 축적되기 때문이다.

# 붉은살생선(Red Fish)

- **특징** : 적색근의 비율이 높아 미오글로빈이 풍부하고, 혈관이 잘 발달하여 살빛은 선명한 붉은색을 띤다.
- **운동 방식** : 지속적으로 헤엄치는 회유성 어종이 많아, 산소 소비와 에너지 사용이 활발하고 근육이 잘 발달해 있다.
- **맛** : 풍미가 진하고 철분의 향이 느껴지기도 하며, 숙성하면 감칠맛이 더욱 깊어진다.
- **대표 어종** : 참치, 가다랑어 등

**붉은살생선 「가다랑어」**
가다랑어는 일본 이름인 가쓰오[カツオ]로도 많이 알려져 있으며, 붉은빛 살과 강한 감칠맛이 특징이다. 봄철의 맏물 가다랑어 (하쓰가쓰오)와 가을철의 회귀 가다랑어(모도리가쓰오)가 특히 맛이 좋은데, 맏물 가다랑어는 깊고 산뜻한 풍미가 특징이고, 회귀 가다랑어는 진하고 깊은 맛과 끈적한 식감이 돋보인다. 신선할 때 회나 다타키로 즐길 수 있으며, 숙성하거나 훈연하면 감 칠맛이 한층 더 강해진다.

# 등푸른생선(Blue-backed Fish)

- **특징** : 대부분 회유성 어종으로 지방 함량이 높고 오메가-3 지방산(EPA, DHA)이 풍부하다. 적색근과 백색근이 섞인 중간근이 발달하여 고소하면서도 진한 풍미가 특징이다.
- **맛** : 고소하고 풍미가 진하지만 산패가 빠르므로, 신선도 관리가 특히 중요하다.
- **대표 어종** : 고등어, 전어, 정어리, 꽁치, 방어, 전갱이, 청어 등

**등푸른생선 「고등어」**

고등어는 진한 고소함과 풍부한 감칠맛이 특징이다. 계절에 따라 맛의 차이가 큰 생선으로, 가을부터 먹을 수 있는 지방이 오른 「가을 고등어」는 특히 풍미가 깊고 진하다. 신선한 상태에서는 회나 시메사바로 즐길 수 있고, 숙성, 염장, 훈연을 통해 또 다른 향과 풍미를 느낄 수 있다.

# 붉은살생선과 흰살생선의 숙성 차이

숙성의 난이도를 가르는 변수는 「지방」보다 「수분」이다.

붉은살생선은 상대적으로 지방 비중이 높아 숙성 과정에서 완충 역할을 한다. 다만 지방이 산패하면 즉시 비린내가 올라오기 때문에, 저온을 유지하고 산소 노출을 최소화하여 산패를 억제해야 한다.

반대로 흰살생선은 수분 함량이 높아 숙성 과정 내내 수분과 싸워야 한다. 표면과 절단면의 수분을 얼마나, 어떤 속도로 제거하고 다시 균형을 맞추느냐에 따라 식감과 맛이 크게 달라진다.

결과적으로, 붉은살생선은 지방의 산패만 안정적으로 관리하면 비교적 쉽게 숙성할 수 있지만, 흰살생선은 수분이 많아서 숙성하기가 훨씬 까다롭다.

# 생선의 근육과 지방

생선의 근육은 식감과 감칠맛을 형성하는 뼈대 역할을 하고, 지방은 풍미와 고소함을 더하는 핵심 요소이다. 이러한 근육과 지방의 구성과 분포는 생선마다 다르게 나타나므로, 이를 제대로 이해하는 것이 중요하다.

## 생선의 근육

생선의 근육은 백색근, 중간근, 적색근으로 나눌 수 있다. 그리고 이 근육에 지방이 얼마나, 또 어디에 분포하느냐에 따라 생선살의 식감과 맛이 달라진다.

백색근은 광어나 도미 같은 흰살생선에서 확인할 수 있다. 짧은 순간에 강한 힘을 내는데 적합한 백색근은 단단하고 탄력이 있으며, 갓 잡은 흰살생선의 쫄깃한 식감은 백색근 때문이다. 또한 백색근은 에너지 소모가 빨라서 시간이 지나면 ATP가 빠르게 분해되어 IMP로 전환되며, 이 과정에서 감칠맛과 단맛이 생긴다.

중간근은 백색근과 적색근 사이에 위치하며, 상대적으로 덜 사용되는 근육이다. 운동량은 적색근과 백색근의 중간 정도이다. 상대적으로 미오글로빈이 적고, 지방은 백색근보다 많지만 적색근보다 적다. 식감이 부드럽고 적당히 진한 풍미가 있다.

적색근은 참치나 고등어처럼 멀리 이동하는 회유성 어종에서 발달하며, 산소 소비가 많기 때문에 미오글로빈이 풍부하여 붉은색을 띤다. 지방과 어우러져 진한 풍미를 즐길 수 있지만, 지방 산화가 빠르기 때문에 관리가 중요하다. 적색근이 많은 생선은 저온에서 보관하고, 공기 노출을 최소화하여 산화를 방지해야 한다.

각 근육의 비율은 생선의 생활 방식과 서식 환경에 따라 달라지며, 결국 맛과 식감, 숙성 결과에도 영향을 미친다.

## 생 선 근 육 의 구 조

① **백색근(White Muscle)**
- 단시간에 강한 힘을 발휘하는 데 적합한 근육.
- 산소 소비가 적고, 글리코겐을 주 에너지 원으로 사용하는 무산소 운동에 적합하다.
- 맛은 깨끗하고 담백하며 조직이 단단하다.
- 흰살생선(광어, 도미 등)의 근육은 주로 백색근으로 이루어져 있다.

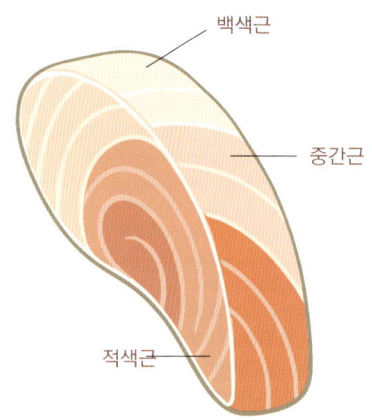

백색근
중간근
적색근

② **중간근(Intermediate Muscle)**
- 백색근과 적색근의 중간 형태.
- 지속성과 순발력이 공존하는 근육이다.
- 연한 분홍색을 띠며, 맛과 향이 조화롭다.
- 숙성 시 감칠맛이 안정적으로 형성된다.
- 방어·연어 등 회유성 어종에서 주로 볼 수 있다.

③ **적색근(Red Muscle)**
- 장시간 헤엄치기 위해 발달한 근육.
- 지속적인 산소 공급이 필요하므로, 미오글로빈 함량이 높아 붉은빛을 띤다.
- 지방이 풍부해서 고소하고 깊은 맛이 나며, 숙성하면 풍미가 더욱 좋아진다.
- 참치, 방어처럼 장거리 회유성 어종에 많다.

연어

방어

참치

# 혈합육이란?

혈합육은 생선의 피가 흐르는 통로 자체는 아니지만, 모세혈관이 잘 발달해 있고 혈액 공급이 활발한 근육 조직이다. 일본어로는 지아이[血合い]라고 하며, 생선의 등살과 뱃살 사이에 붉은 띠처럼 형성되어 있다. 지속적인 유영을 담당하는 적색근의 일부이기 때문에 산소 요구량이 높고, 그 결과 미오글로빈 함량이 높아 붉은색을 띤다.

참치의 등살과 뱃살을 나누는 경계에는 검붉은색 혈합육이 자리한다.

혈관이 많이 분포한 부위이므로 손질할 때 피가 배어나오기 쉽고, 숙성 과정에서 산화가 빠르게 일어나 변색과 비린내의 원인이 되기도 한다. 그러나 방어, 참치, 삼치처럼 지방이 많은 어종의 경우 혈합육이 감칠맛 형성에 기여하기도 한다. 혈합육과 백색육의 차이는 다음과 같다.

**❶ 위치와 색깔**

- 혈합육 : 몸통의 중앙을 따라 좁고 길게 분포하는 적색근 부위로, 검붉은색에 가깝다.
- 백색육 : 몸의 대부분을 이루는 흰살 부위로, 흰색 또는 옅은 분홍색을 띤다.

**❷ 기능**

- 혈합육 : 지속적인 유영에 관여하는 적색근의 일부로, 산소를 많이 사용하며 장시간 활동에 적합하다.
- 백색육 : 주로 백색근으로 구성된 근육으로, 순간적인 힘을 내는 데 유리하지만 쉽게 피로해진다.

**❸ 성분적 특징**

- 혈합육 : 미오글로빈이 많아 붉은빛을 띠고 철분과 지방이 풍부해 맛이 진하지만, 산

화가 빨라 금세 비린내가 난다.

- 백색육 : 미오글로빈이 적어 살빛이 옅고 지방이 적어 맛이 담백하지만, 숙성하면 ATP가 IMP로 분해되면서 감칠맛이 증가한다.

**❹ 맛과 활용**

- 혈합육 : 진하고 강한 풍미가 특징으로, 일부 어종의 경우 회로 먹으면 특별한 맛을 즐길 수 있지만 신선도 관리가 중요하다.
- 백색육 : 담백하고 깔끔한 맛이 특징이며, 숙성을 거치면 단맛과 감칠맛이 잘 살아나 초밥, 회, 구이, 탕, 찜 등 다양한 요리에 활용할 수 있다.

# 아카미와 혈합육의 차이

참치의 붉은살인 아카미와 혈합육은 모두 붉은색을 띠지만, 위치와 성질, 용도가 서로 다른 부위이다.

아카미는 참치의 등쪽에 위치한 일반적인 붉은색 살코기로, 뱃살을 제외한 대부분의 살이 아카미다. 미오글로빈 함량이 높은 적색근으로 붉은색을 띠며, 지방 함량이 낮아 맛이 담백하고 깔끔하여 참치 본연의 풍미를 가장 잘 느낄 수 있는 부위다. 이러한 특성 때문에 초밥이나 회에 널리 사용된다.

참치의 아카미는 붉은색 속살로, 그 주변에는 혈액 공급이 활발한 혈합육이 존재한다.

반면 혈합육은 등지느러미 안쪽이나 등뼈, 내장 주변에 분포하는 특수한 부위로, 아카미와는 성격이 다르다. 적색근 중에서도 모세혈관이 잘 발달해 있고 미오글로빈 함량이 높은 부위로, 색은 매우 진한 적갈색 또는 거의 검붉은색에 가깝다. 아카미보다 미오글로빈 함량이 더 많기 때문에 철분 맛, 흔히 말하는 「피맛」이 강하게 느껴지며, 산화가 빠르게 진행되어 비린내가 발생하기 쉽다. 초밥이나 회에는 잘 사용되지 않으며, 주로 조림이나 훈제, 가공용으로 활용된다.

● 아카미 vs 혈합육

|  | 아카미 | 혈합육 |
|---|---|---|
| 근육 종류 | 적색근 | 적색근 + 혈액·미오글로빈 집중 |
| 색깔 | 선명한 붉은색 | 진한 적갈색 ~ 검붉은색 |
| 맛 | 담백, 기본적인 참치 맛 | 철분 맛(피맛) 강함, 비린내 주의 |
| 사용 용도 | 초밥, 회 | 조림, 훈제, 가공용 |

# 생선의 지방

생선의 지방은 크게 피하지방, 복부지방, 그리고 일부 어종에서 볼 수 있는 근육 내 지방으로 나뉜다.

먼저 피하지방은 껍질 바로 아래에 얇게 분포하며, 가열하면 녹아내리면서 고소한 향과 풍미를 한층 강하게 만들어준다. 양 자체는 많지 않지만 조리 방식에 따라 맛이 크게 달라지기 때문에, 생선 특유의 풍미를 좌우하는 중요한 요소이다.

복부지방은 배 부분에 집중적으로 분포하며, 참치의 오토로와 방어의 뱃살은 지방이 풍부한 대표적인 부위다. 고소한 맛과 진한 감칠맛이 있지만, 전체에서 차지하는 양이 적어 고급 부위로 취급되며 가격도 높다.

한편 일부 어종에서 볼 수 있는 근육 내 지방은 연어의 경우처럼 근육 사이사이에 고르게 분포하는데, 씹을수록 지방의 맛이 배어나오며 부드럽고 진한 식감을 형성한다.

생선의 지방은 단순히 고소한 맛을 내는 요소를 넘어, 어종과 부위에 따라 풍미와 식감을 결정하는 핵심 요인이다.

# 생선의 지방과 온도

생선의 지방은 다른 동물성 지방에 비해 녹는점이 낮은 것이 특징이다. 일반적으로 지방은 온도가 올라가면 고체에서 액체로 변하지만, 생선의 지방은 다른 동물성 지방보다 비교적 낮은 온도에서도 쉽게 녹는다.

그 이유는 생선의 지방에는 불포화지방산이 풍부하기 때문이다. 불포화지방산은 사슬 구조에 이중결합이 있어 분자가 곧게 배열되지 못하고 꺾인 형태를 이루며, 그 결과 분자 간 결합이 느슨해져서 녹는점이 낮다. 특히 차가운 바다에 서식하는 어종일수록 불포화지방산의 비율이 높아, 낮은 수온에서도 지방이 굳지 않고 유동성을 유지한다.

그러나 낮은 온도에서도 쉽게 굳지 않는다고 해서 반드시 좋은 것만은 아니다. 낮은 온도에서 쉽게 굳지 않으면 상온에서도 지방이 녹아 살 밖으로 흘러나올 수 있고, 액화된 지방이 산소와 접촉할 경우 산화되어 비린내와 산패취가 발생할 수 있기 때문이다.

실제로 생선을 상온에 두면 지방이 표면으로 배어나와 식감과 풍미가 떨어지기도 한다. 반대로 충분히 낮은 온도를 유지하면 지방의 산화를 억제할 수 있어, 안정된 질감과 풍미가 유지된다.

따라서 온도 관리는 생선을 보관하고 숙성할 때 가장 중요한 요소이다. 지방이 녹지 않도록 적절한 저온을 유지하는 것이야말로, 생선 본연의 맛과 신선함을 지키는 비결이다.

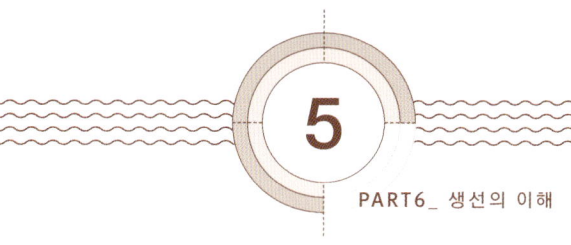
# 단백질과 지방의 산화

생선의 신선함과 풍미는 시간의 흐름에 따라 점차 변화하는데, 그 중심에는 단백질과 지방의 산화 과정이 있다. 단백질과 지방은 생선 고유의 풍미를 형성하는 중요한 성분인 동시에, 변질을 일으키는 원인이기도 하다.

산화는 온도가 높을수록, 산소와 접촉이 많을수록, 그리고 빛에 노출될수록 더 빨리 진행된다. 따라서 생선을 다룰 때는 저온을 유지하고, 공기와의 접촉을 최소화하며, 빛을 차단하는 것이 중요하다. 특히 숙성 과정에서는 이러한 변화가 결과의 완성도를 좌우한다.

## 단백질의 산화

생선이 죽는 순간부터 근육 내 단백질은 효소 작용과 산소의 영향으로 변화하기 시작한다. 단백질이 산화되면 구조가 변성되어 살의 탄력이 감소하고, 수분 유지 능력 또한 저하된다. 그 결과 시간이 지날수록 살은 푸석해지고, 단백질과 아미노산의 추가 분해로 인해 불쾌한 맛이 나타날 수 있다. 또한 숙성 과정에서 생성되었던 감칠맛 성분, 예를 들어 IMP 같은 물질도 점차 분해되어 생선 고유의 풍미가 감소한다. 결국 단백질의 산화와 분해는 생선의 식감을 무르게 하고 맛을 떨어뜨리는 주요 원인이라 할 수 있다.

단백질 산화　▶　식감 저하, 감칠맛 감소

# 지방의 산화

생선의 지방은 불포화지방산이 많아 산소와 접촉하면 쉽게 산화된다. 초기에는 불포화지방산의 이중결합이 산소와 반응하여 과산화물을 형성하고, 이 물질이 분해되면서 알데하이드와 케톤 등의 휘발성 화합물이 생성된다. 이러한 화합물은 우리가 흔히 느끼는 비린내 등의 주요 원인이며, 이처럼 지방의 산화가 진행되어 냄새와 맛이 변질된 상태를 산패라고 한다.

특히 고등어, 꽁치, 청어처럼 지방이 풍부한 생선일수록 이러한 산화 반응이 더 빠르게 진행되기 때문에, 보관이 조금만 잘못되어도 맛과 향이 크게 변질된다.

지방 산화 ▶ 산패 ▶ 비린내와 산패취 발생

## 생 선 지 방 의 산 화 를 막 는 방 법

① **산소 차단**
- 진공 포장이나 가스 치환 포장(MAP, Modified Atmosphere Packaging)을 통해 산소 농도를 줄이면, 지방의 산화를 효과적으로 억제할 수 있다. 질소($N_2$)나 이산화탄소($CO_2$)를 충전하는 방식이 많이 활용되며, 산소를 차단하면 생선의 품질을 안정적으로 유지할 수 있다.

② **빛 차단**
- 자외선과 가시광선은 광산화(光酸化)를 일으켜 지방의 산화를 빠르게 촉진시킨다. 알루미늄포일이나 차광 필름 같은 불투명한 포장재를 사용하여 빛을 차단하면, 산화 속도를 늦출 수 있다.

③ **항산화제 활용**
- 천연 항산화제인 비타민 E(토코페롤), 비타민 C, 카테킨(녹차 추출물), 로즈메리 추출물 등을 사용하면, 지방의 산화를 효과적으로 늦출 수 있다. 또한 인공 항산화제인 BHA, BHT, TBHQ 등은 이미 식품 산업 전반에서 지방 산화를 억제하기 위한 목적으로 널리 활용되고 있다.

④ **소금 사용**
- 소금은 수분을 줄이고 일부 미생물과 효소의 활동을 억제하여 지방의 산화 속도를 늦춰준다. 다만 지나치게 많이 사용하면 조직이 손상되고 맛이 변할 수 있으므로, 적절한 농도를 유지해야 한다.

⑤ **식초 사용(pH 조절)**
- 산성 환경은 지방의 산화 반응을 억제하는 효과가 있다. 시메사바를 만들 때 식초를 사용하는 것이나, 생선을 조리하기 전에 레몬즙을 뿌리는 것은 과학적으로도 효과가 입증된 조리 방법이다.

# ◇◇◇◇  생선의 맛  ◇◇◇◇

우리는 흔히 생선의 맛을 단순히 「신선하다」 또는 「비리다」라고 표현하거나, 식감을 기준으로 「질기다」, 「쫄깃하다」, 「물컹하다」라고 말한다. 그러나 생선의 진짜 매력은 이러한 단순한 표현만으로는 충분히 설명되지 않는다. 생선은 각각 고유한 맛과 향을 지니고 있으며, 그 핵심에는 감칠맛이 있다.

생선의 감칠맛은 주로 IMP(이노신산)에서 비롯된다. 살아 있을 때는 뚜렷하게 드러나지 않지만, 죽은 뒤 근육 속에 저장되어 있던 ATP가 분해되어 IMP로 전환되면서 비로소 감칠맛이 선명하게 느껴지기 시작한다.

바로 이러한 변화 덕분에 막 잡아서 바로 썬 활어회보다, 일정 시간 숙성한 회에서 더욱 깊고 풍부한 맛을 느낄 수 있다. 결국 생선의 맛은 단순히 신선함에 머무는 것이 아니라, 시간의 흐름 속에서 일어나는 화학적 변화에 의해 완성된다.

## 생선의 5가지 맛

생선의 맛은 크게 5가지로 나눌 수 있으며, 각각의 맛이 어우러져 전체적인 풍미를 완성한다. 즉, 감칠맛, 단맛, 지방의 맛, 비린내, 식감이 적절히 균형을 이루어야 비로소 생선 본연의 맛을 느낄 수 있으며, 이러한 균형은 보관 조건과 숙성 방식에 따라 달라진다.

### ❶ 감칠맛

생선의 감칠맛은 주로 IMP(이노신산)에서 비롯된다. 마른 멸치의 깊은 맛 역시 IMP 덕분이며, 건조 과정에서 농축되면서 생선 특유의 향과 풍미가 한층 더 선명해진다.

### ❷ 단맛

생선의 단맛은 주로 글리신, 알라닌, 세린과 같은 아미노산에서 비롯된다. 특히 흰살생선인 광어와 도미는 글리신 함량이 높아 은은하면서도 뚜렷한 단맛이 나는 반면, 붉은살생선인 참치나 고등어는 단맛보다 감칠맛이 더 두드러진다.

### ❸ 지방의 맛

흔히 「생선의 맛은 지방의 맛」이라고 하는데, 여기서 지방은 오메가-3 지방산을 말한다. 오메가-3는 적절히 산화되면 고소하고 깊은 풍미를 내지만, 지나치게 산화되면 특유의 비린내가 발생하여 맛을 손상시킨다.

### ❹ 비린내

신선한 바다 생선에는 원래 무취 성분인 TMAO(트리메틸아민옥사이드)가 존재한다. 그러나 시간이 지나 미생물이나 효소의 작용으로 TMAO가 TMA(트리메틸아민)로 환원되면, 특유의 비린내가 발생한다. 이러한 비린내는 일반적으로 신선도 저하의 신호지만, 일부 요리에서는 오히려 생선의 개성과 풍미를 살려주는 매력적인 요소로 작용하기도 한다.

### ❺ 식감

생선의 맛을 결정짓는 또 하나의 중요한 요소는 식감으로, 근육 단백질의 상태와 수분 유지 능력에 따라 달라진다. 근육 단백질이 온전히 보존된 신선한 생선은 탱글탱글한 탄력을 느낄 수 있지만, 효소와 미생물의 작용으로 단백질이 분해되면 살이 물러지고 탄력이 사라진다. 이러한 식감의 변화는 맛에도 직접적인 영향을 미친다.

# 흰살생선과 붉은살생선의 맛

흰살생선은 전체적으로 깔끔하고 담백한 맛이 특징이다. 글리신, 알라닌, 세린 등 단맛 계열의 아미노산이 풍부하여 은은한 단맛이 있으며, 숙성 과정을 거치면 ATP가 분해되며 생성되는 IMP가 감칠맛을 더해준다. 또한 붉은살생선에 비해 지방 함량이 낮은 경우가 많아 산패취가 덜 발생하기 때문에, 좀더 깔끔하고 산뜻한 풍미를 즐길 수 있다.

반면 붉은살생선은 깊고 고소한 맛이 매력적인 어종이다. 숙성 과정을 거치면 빠르게 ATP가 분해되며 IMP가 생성되어, 감칠맛이 뚜렷하게 느껴진다. 근육 속 미오글로빈이 많아 선명한 붉은색을 띠며, EPA와 DHA 같은 불포화지방산이 풍부해서 고소하고 진한 맛을 내는 것이 특징이다. 그러나 지방 함량이 높아 산화에 취약하며, 시간이 지나면 산패취가 발생하기 쉽다.

● **흰살생선과 붉은살생선의 맛**

|  | 흰살생선 | 붉은살생선 |
|---|---|---|
| **대표적 맛의 성향** | 깔끔하고 담백한 단맛 | 깊고 고소한 맛 |
| **아미노산 성분** | 글리신, 알라닌, 세린 등 단맛 아미노산이 풍부 | 흰살생선에 비해 상대적으로 단맛 아미노산은 적음 |
| **색소 단백질** | 미오글로빈이 적어 흰색·반투명 살색 | 미오글로빈이 많아 붉은색 |
| **지방 성분** | 지방 함량이 낮음 | EPA·DHA 등 불포화지방산이 많아 고소한 맛이 강함 |
| **산화 취약성** | 지방이 적어 산패취(비린내) 발생이 적음 | 지방 산화가 빠르게 일어나 산패취가 쉽게 발생 |
| **숙성 효과** | ATP의 IMP 전환이 안정적으로 진행되어 감칠맛이 뚜렷해지고, 은은한 단맛과 함께 깔끔한 풍미 | ATP가 IMP로 빠르게 분해되어 감칠맛이 강해지고, 고소하고 진한 풍미 |

생선 손질

# ◇◇◇◇ 위생 관리 ◇◇◇◇

생선 손질 방법은 어종, 크기, 요리 방법 등에 따라 달라질 수 있다. 그러나 무엇보다 중요한 것은 위생 관리다. 특히 회는 날것을 그대로 먹는 요리이므로 위생 관리가 무엇보다 중요하다. 아무리 신선한 활어라 하더라도 아가미, 비늘, 내장에는 다양한 세균이 존재한다. 이를 제대로 제거하지 않으면 복통이나 설사, 심할 경우 식중독으로 이어질 수 있다. 따라서 어떤 방법으로 손질하든 위생 관리가 철저히 이루어져야 한다.

## 생선살, 물에 씻어도 될까?

살아 있는 생선의 근육 내부는 무균 상태에 가까워, 적절히 손질된 경우 그대로 섭취해도 큰 문제가 없다. 회를 먹고 식중독이 발생하는 대부분의 원인은 생선 자체보다 손질 과정에서의 오염에 있다. 칼이나 도마의 위생 상태가 불량하거나, 비늘과 점액이 제대로 제거되지 않았거나, 내장이 터져 내용물이 살에 닿는 경우 오염이 발생할 수 있다. 또한 이 과정에서 세균이 손이나 조리기구 등을 통해 다른 곳으로 옮겨갈 수 있다.

그렇다면 손질 과정에서 옮겨진 세균을 수돗물로 씻어내면 안전할까? 결론부터 말하면, 대부분의 경우 그렇다. 바닷물 환경에서 증식하는 비브리오 패혈증균 같은 세균도 담수 환경에서는 생존력이 크게 떨어지기 때문에, 수돗물로 표면을 세척하면 오염도를 낮출 수 있다. 다만 뼈와 살을 분리하는 오로시(해체) 과정 이후에 생선살을 물로 씻을 경우, 표면 수분이 증가해 숙성 속도가 앞당겨지고 그만큼 부패 속도 역시 빨라질 수 있다.

따라서 생선을 손질할 때는 위생 확보와 품질 유지 사이의 균형을 고려해야 한다. 기본적으로 오로시 과정 이후에는 불필요한 물 접촉을 최소화하고, 손질 과정에서 생선살이 오염된 경우에는 가볍게 세척하고 물기를 충분히 제거한다.

중요한 것은 손질 과정 전반에서 위생을 철저히 관리하는 것이다. 머리와 내장을 제거할 때는 내장이 터지지 않도록 주의하고, 남은 피와 비늘을 충분히 제거한 뒤 표면을 물로 씻는다. 비늘 제거가 어려운 어종은 칼로 껍질을 얇게 깎아내는 방법(스키비키)을 사용한다. 그리고 깨끗한 도구를 사용하여 살을 분리하고, 손질한 생선살은 가능한 한 빠르게 저온 환경으로 옮겨서 보관해야 한다.

## 가열조리할 때의 위생 관리

구이나 찜에 사용하는 생선은 가열 과정을 거치기 때문에, 회처럼 날것으로 먹는 경우에 비해 위생 문제로 인한 배탈이나 식중독 위험은 상대적으로 적다. 그러나 깨끗하게 손질하지 않으면 조리 과정에서 잡내와 잡미가 강하게 올라오므로, 날것으로 먹는 생선 못지않게 위생 관리에 신경을 써야 한다.

특히 비늘, 내장 찌꺼기, 피 등이 남아 있으면 어떤 방식으로 조리하더라도 비린내와 쓴맛이 나타난다. 따라서 구이나 찜용 생선을 손질할 때는 반드시 아가미, 내장, 피를 철저히 제거하고, 뼈 사이사이에 남아 있는 피까지 깨끗하게 씻어내는 것이 중요하다.

또한 생선 크기에 따라 손질 방법도 달라진다. 작은 생선은 내장과 아가미만 제거하고 원형을 유지한 채 조리하는 경우가 많지만, 큰 생선은 살을 분리해서 조리하는 경우가 많으므로, 뼈와 살 사이에 핏줄이나 내장이 남아 있지 않도록 꼼꼼하게 정리해야 한다.

이때 소금이나 소량의 술을 사용하여 표면을 살짝 문지르면, 남아 있는 점액과 불순물을 제거하고 세균 증식을 억제하는 데 도움이 된다. 또한 손질 후 바로 조리하지 않을 경우에는, 물기를 충분히 제거한 뒤 랩이나 키친타월로 감싸서 냉장고에 보관하는 것이 좋다. 이렇게 하면 불필요한 수분으로 인한 미생물 증식을 줄이고, 잡내 발생도 함께 억제할 수 있다.

결국 구이나 찜용 생선이라도 손질 과정에서의 위생 관리가 최종 품질과 안전을 결정한다. 위생 관리를 철저히 하면 어떤 조리법을 사용하더라도 식중독 위험을 최소화하고, 본연의 맛과 향을 살릴 수 있다.

# 위생을 위한 표면 처리

생선 표면에는 비늘이 있기 때문에 위생을 위해서는 이를 깨끗하게 처리해야 한다. 일반적으로는 비늘제거기를 사용하지만, 광어나 방어처럼 비늘이 잘 벗겨지지 않는 어종도 있다. 이럴 때는 스키비키[すき引き] 방법을 활용하면 보다 깔끔하게 손질할 수 있다.

스키비키는 일본어 「すく (스쿠, 얇게 깎다)」와 「引く (히쿠, 당기다)」가 합쳐진 말로, 칼을 이용해 껍질 표면을 얇게 깎아내듯 처리하는 방법이다. 이 과정에서 비늘과 표면 조직이 함께 제거되어, 살에 비늘이 묻는 것을 줄이고 위생적으로 손질할 수 있다.

또한 껍질을 완전히 제거하고 살만 사용하는 경우에는 가와히키 방법을 사용한다. 가와히키[皮引き]는 일본어 「皮(가와, 껍질)」와 「引く (히쿠, 당기다)」가 합쳐진 말로, 껍질을 잡아당겨 살과 완전히 분리하는 방법이다. 탈피(脫皮)라고도 한다.

**스키비키**
비늘이 잘 벗겨지지 않는 생선의 껍질을 비늘과 함께 칼로 얇게 벗겨내는 방법.

**가와히키**
생선의 껍질을 통째로 완전히 벗겨내는 방법.

# 이케지메 · 신케지메 · 지누키

생선의 신선도와 품질을 유지하기 위해서는 적절한 처리 과정이 필요하다. 이케지메, 신케지메, 지누키는 생선의 질감, 맛, 신선도를 최상으로 유지하기 위한 중요한 기술로, 맛있는 회나 초밥을 만들기 위한 출발점이라 할 수 있다.

## 이케지메

이케지메[活け締め]는 칼로 살아 있는 생선의 목을 자르거나 송곳으로 뇌천(정수리)을 찔러 단시간에 죽이는 방법이다. 일본에서 시작된 이 방법은 단순한 도살방법이 아니라, 숙성과 직결된 중요한 처리 기술이다.

생선의 몸속에는 ATP라는 에너지 저장 물질이 존재한다. 만약 생선이 죽기 전에 몸부림을 치거나 강한 스트레스를 받게 되면 ATP가 빠르게 소모된다. ATP가 소모될수록 숙성은 그만큼 빨리 진행되어, 원하는 맛과 식감을 얻기 어렵다.

이케지메는 이러한 생선의 불필요한 몸부림과 스트레스로 인한 ATP 소모를 최소화하여, 에너지를 보존하는 방법이다. ATP가 충분히 보존되면 생선의 숙성 속도를 늦출 수 있고, 결과적으로 숙성 기간을 안정적으로 조절할 수 있다. 이케지메 방법은 다음과 같다.

### ❶ 목을 자르는 방법

혈류 차단 ▶ 빠른 피 배출 ▶ 세균 증식 및 산화 억제, 숙성 시간 확보

목을 잘라서 혈류를 끊는 방법이다. 아가미와 등뼈가 이어지는 부위를 단칼에 자르면, 피가 빠르게 배출되어 세균 증식과 산화를 막을 수 있다. 혈액이 남아 있으면 대사가 지속되어 젖산이 축적되고 pH가 낮아져 사후경직이 빨리 진행될 수 있다. 반대로 목을 잘라서 피를 빨리 제거하면 산소 소모가 줄면서 ATP 감소가 느려져 사후경직이 늦어지고, 그만큼 숙성 가능한 시간도 길어진다.

생선의 목 부위를 단칼에 쳐서 등뼈를 끊어주면 몸부림이 멈추고, 빠르게 피를 빼낼 수 있다.

### ❷ 뇌천을 송곳으로 찌르는 방법

뇌 기능 정지 ▶ 몸부림 억제 ▶ ATP 보존, 살 상태 안정화

목을 자르는 방법과 함께 자주 사용되는 또 다른 이케지메 방법은, 뇌천(脳天, 정수리)을 송곳이나 전용 바늘로 찌르는 「노지메[脳締め, 뇌일격]」이다. 이 방법은 뇌를 순간적으로 마비시켜 불필요한 움직임과 반사를 억제하여 ATP 소모를 줄이는 데 목적이 있다. 생선이 살아 있을 때 격렬히 움직이면 ATP가 빠르게 소모되고 사후경직이 빨리 진행될 수 있지만,

뇌를 마비시키면 이 과정을 최소화할 수 있다. 그 결과 근육 상태가 안정적으로 유지되어, 숙성에 적합한 상태로 관리할 수 있다.

송곳으로 생선의 뇌천을 찌르면 뇌 기능이 즉시 정지해, 몸부림이 멈추고 ATP 소모가 줄어든다.

## 신케지메

신케지메[神経締め]는 일본 에도시대부터 사용된 방식으로, 생선의 신경을 제거하거나 손상시켜 사후 반사 작용을 억제하는 방법이다. 이케지메가 생선을 단번에 죽여 ATP 소모를 최소화하는 방식이라면, 신케지메는 죽은 뒤에도 남아 있는 신경 활동을 차단하여 ATP를 더욱 효율적으로 보존하는 방식이다.

생선은 죽은 직후에도 신경이 완전히 사멸하지 않기 때문에 일정 시간 동안 반사 작용이 나타난다. 죽은 생선이 움직이는 것 같은 모습을 보게 되는 것은 바로 이 때문이다. 이러한 반사 작용은 불필요한 ATP 소모를 유발하고, 그 결과 숙성이 빠르게 진행된다.

신케지메는 철사나 물을 이용하여 척수 신경을 파괴하거나 제거함으로써 이러한 반사 작용을 억제한다. 신경 활동이 차단되면 ATP 소모가 느려지고, 사후경직의 진행 또한 지연된다. 사후경직이 지연된다는 것은 곧 생선의 신선도를 더 오래 유지할 수 있고, 숙성 기간도 늘어난다는 의미다.

따라서 신케지메는 숙성 과정에서 생선의 품질을 오래 유지하기 위한 처리 방법이다. 신케지메 방법에는 2가지가 있다.

**❶ 철사로 신경을 파괴하는 방법**

**철사로 신경 파괴** ▶ **사후 반사 작용 억제** ▶ **사후 경직 지연**

이케지메 후 등뼈를 따라 위치한 신경(척수)을 파괴하는데, 전통적으로 가장 많이 사용하는 방법은 가는 철사(스테인리스 와이어 등)를 신경관에 삽입하는 방식이다. 꼬리쪽에서 철사를 삽입해 머리까지 밀어 넣으면, 척수 신경이 파괴되어 사후 반사 작용이 멈추게 된다.

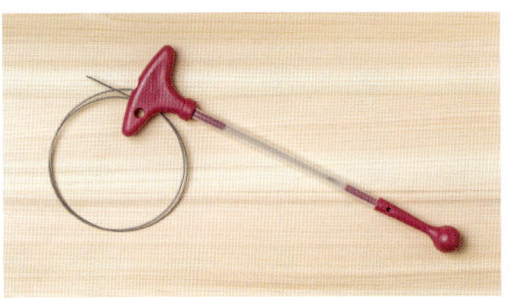

- **효과** : 신경 전달이 차단되어 근육의 불필요한 경련과 반사 작용이 억제된다.
- **장점** : 비교적 간단하며, 특별한 장비 없이도 시행할 수 있다.
- **단점** : 숙련되지 않으면 철사가 신경관을 정확히 관통하지 못해 효과가 떨어질 수 있다.

꼬리쪽 신경관에 철사를 삽입하여 머리 방향으로 밀어 넣으면, 척수 신경이 파괴되어 사후 반사 작용이 억제된다. 다만, 이 방법으로는 신경이 완전히 파괴되지 않을 수도 있다.

### ❷ 쓰모토식 노즐을 이용하는 방법

| 전용 장비로 물 주입 | ▶ | 신경 조직 제거 | ▶ | 사후 경직 지연 |

일본의 쓰모토 미쓰히로가 개발한 전용 노즐을 사용하는 방법이다. 신경관에 가는 노즐을 삽입한 뒤 물을 주입하여, 압력을 이용해 신경을 몸 밖으로 빼내는 원리다. 신경 조직뿐 아니라 혈액 찌꺼기까지 깨끗이 제거된다.

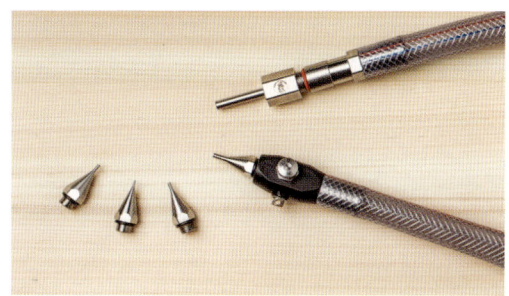

- **효과** : 신경을 차단하는 수준을 넘어 신경 조직을 통째로 빼내서 제거한다.
- **장점** : 살이 더 깨끗하고 투명하게 유지되며 숙성 기간이 늘어난다.
- **단점** : 전용 장비와 노하우가 필요하기 때문에 접근성이 떨어진다.

쓰모토식 노즐을 사용하여 신경관에 물을 주입하면, 뇌천의 구멍을 통해 신경 조직이 통째로 빠져나온다. 철사로 신경을 끊는 방법보다 더 완벽하게 신경을 제거할 수 있지만, 전용 장비와 노하우가 필요하다.

# 지누키(피빼기)

지누키(血抜き)는 생선을 죽인 뒤 몸속의 피를 빼내는 과정을 말한다. 생선을 요리하기 전 피를 제거하는 것은 매우 중요한 과정인데, 피는 비린내의 원인이 되고 부패를 촉진시키며 세균 증식을 유도하기 때문이다. 따라서 회는 물론 구이, 찜, 탕 등 대부분의 요리를 하기 전에 반드시 해야 하는 작업이다.

전통적인 지누키 방법은 아가미와 꼬리를 칼로 절개하고 얼음물에 담가서 피를 빼는 방식이다. 이 과정을 통해 온몸의 피가 빠져나가며, 살을 깨끗하게 유지할 수 있다.

또 다른 방법으로는 쓰모토식 지누키가 있다. 2019년 일본의 쓰모토 미쓰히로가 개발한 방법으로, 전용 도구를 사용하여 혈관에 물을 주입하여 생선의 피를 빼내는 방법이다. 유튜브를 통해 한국에도 소개되면서 큰 주목을 받았고, 이후 수산업과 외식업 분야에서 널리 활용되고 있다.

❶ **전통적인 지누키 방법**

아가미 절개 ▶ 꼬리 절개 ▶ **얼음을 넣은 3% 소금물에 담그기**

전통적인 지누키는 아가미와 꼬리를 칼로 절개한 뒤, 얼음을 넣은 3% 소금물에 생선을 담가 혈액을 자연스럽게 배출시키는 방법이다. 특별한 도구가 필요 없고 간단해서, 가장 널리 사용되는 기본적인 피빼기 방법이지만, 피가 완벽하게 제거되지 않아, 남은 피로 인해 비린내나 잡미가 생길 가능성이 있다. 그럼에도 불구하고 비린내를 줄이고 부패를 늦추는 효과가 있어서, 보편적으로 사용되고 있다.

❷ **쓰모토식 지누키 방법**

아가미에 물 주입 ▶ 꼬리쪽으로 피 빼기 ▶ 꼬리쪽 동맥에 물 주입 ▶ **남은 피 제거**

쓰모토식 지누키는 전용 도구로 동맥에 물을 주입하여, 피를 밖으로 빼내는 방법이다. 이 방법은 전통적인 방법보다 더 깨끗하고 완벽하게 피를 제거할 수 있어, 생선살의 품질을 오래 유지할 수 있으며, 비린내를 줄이고 숙성 및 보관 기간을 늘릴 수 있다. 다만, 전용 장비와 일정 수준 이상의 숙련된 기술이 필요하기 때문에 주로 전문 업장에서 사용된다.

**● 전통적인 지누키 방법**

아가미를 칼로 절개하여 혈관을 끊고 꼬리를 절개하여 동맥을 노출시킨 뒤, 얼음을 넣은 3% 소금물에 담가 자연스럽게 피를 뺀다.

**● 쓰모토식 지누키 방법**

아가미쪽에서 물을 주입해 꼬리쪽으로 피를 빼낸 뒤, 다시 꼬리 동맥에 물을 주입해 피를 빠르게 제거하는 방법이다. 더 완벽하게 피를 뺄 수 있지만, 물을 지나치게 많이 주입하면 혈관이 터져서 살에 수분이 스며들 수 있다.

# 쓰모토식 생선 손질 방법

쓰모토식 생선 손질 방법은 일본 미야자키현의 쓰모토 미쓰히로가 고안한 손질 방식이다. 그는 수많은 생선을 손질하며 보다 효율적으로 피를 제거할 수 있는 방법을 고민하였고, 여러 차례 시행착오 끝에 생선의 동맥에 물을 주입하여 피를 빼내는 기술을 개발하였다. 이 과정에서 필요한 전용 도구도 직접 개발 및 제작하였다.

쓰모토식 생선 손질 방법은 전통적인 지누키 방법보다 피를 더 깨끗하고 완벽하게 제거할 수 있어, 생선의 품질 유지와 맛 향상에 매우 효과적이다.

또한 쓰모토식 생선 손질 방법은 생선을 최대한 신선하게 유지하고 숙성 가능 시간을 늘리기 위해, 이케지메로 즉시 죽이고, 신케지메로 척수 신경을 제거하여 사후 반사 작용을 차단하며, 지누키로 혈액을 제거하는 3가지 과정을 순서대로 적용하는 방식으로 진행된다.

## 쓰모토식 생선 손질 방법

### ❶ 이케지메

송곳으로 생선의 뇌를 찔러 즉사시킨다. 사후경직을 늦추고, 신경을 제거할 구멍을 확보한다.

### ❷ 아가미 절개

아가미에서 윗부분의 2㎝ 정도만 칼로 절개한다.

### ❸ 꼬리 절개

이케지메 지점

신경 구멍

동맥 구멍

꼬리를 절개해서 동맥과 신경 구멍을 노출시킨다.

### ❹ 아가미에 물 주입

②에서 절개한 아가미에 물을 넣어, 동맥 속 혈액 응고를 방지하고 남은 피를 빼낸다.

### ❺ 신케지메

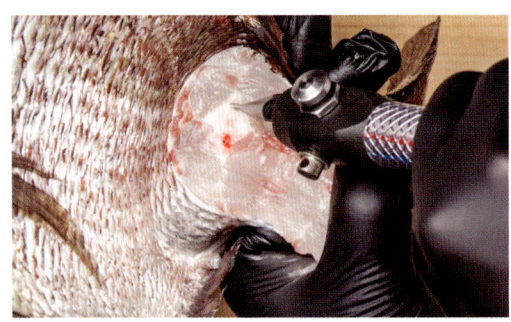

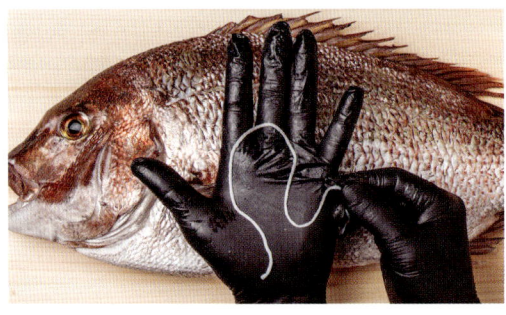

③에서 노출시킨 신경 구멍에 전용 노즐을 대고 물을 주입하여 척수 신경을 빼낸다. 꼬리쪽에서 물을 주입하면, 뇌천에 낸 구멍을 통해 신경이 그대로 빠져나온다.

### ❻ 꼬리 동맥에 물 주입

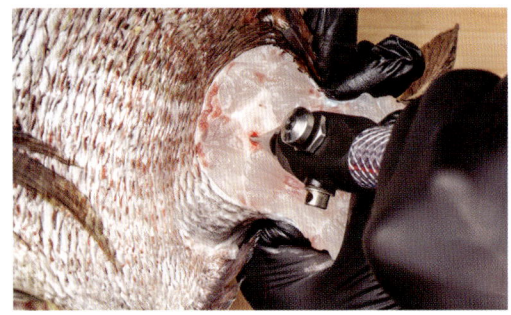

③에서 노출시킨 꼬리쪽 동맥에 노즐을 대고 물을 주입하여, 남아 있는 피를 말끔히 제거한다.

### ❼ 비늘 제거와 내장 처리

숙성을 위해 비늘과 내장을 제거한다. 머리
는 자르지 않는다. 비늘과 내장을 제거한
뒤 물로 깨끗하게 씻는다. 키친타월로 수분
을 꼼꼼히 닦는다.

### ❽ 거꾸로 매달아 배액

30분 정도 생선을 거꾸로 매달아서, 남은
피와 혈관에 들어간 물을 완전히 빼낸다.

### ❾ 내장 공간 처리 및 포장

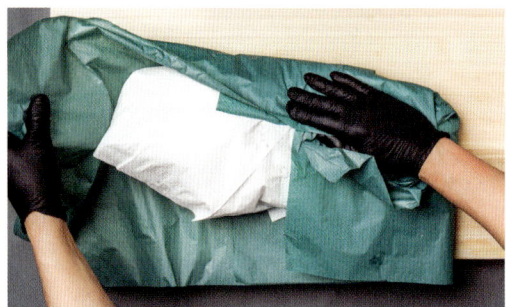

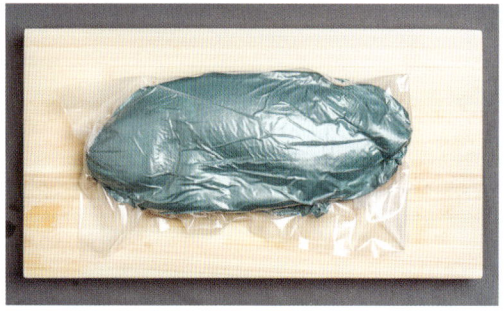

내장이 있던 부위에 키친타월을 채워서 남은 부분을 흡수하게 한다. 해동지와 그린파치로 생선을 감싼 뒤 진공 포장한다. 생선을 진공 포장할 때 압력이 지나치게 강하면 수분이 빠져나가기 때문에, 약한 압력으로 포장해야 한다.

### ❿ 얼음물 침수 숙성

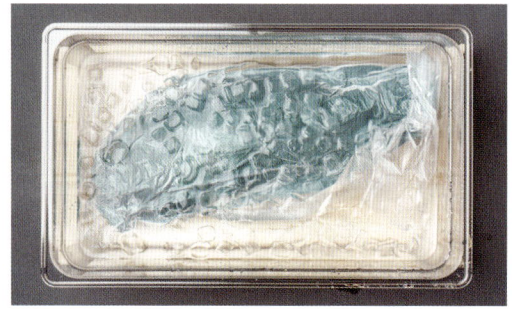

1~2℃ 정도의 얼음물에 생선을 담가 냉장고에 넣고 숙성한다. 얼음이 모두 녹기 전에 계속 보충하여 온도를 유지한다.

# 장점과 단점

쓰모토식 생선 손질 방법은 전통적인 손질 방법보다 더 체계적이고 정교한 과정을 거쳐, 생선의 신선도와 품질을 극대화하는 방식이다. 그러나 높은 품질을 얻는 만큼, 과정이 복잡하고 시간과 숙련도가 요구된다. 여기서는 쓰모토식의 장점과 단점을 정리하였다.

**❶ 장점**

- 일반적인 신케지메는 철사를 이용하여 신경을 파괴하지만, 경우에 따라 신경이 100% 차단되지 않을 수 있다. 쓰모토식은 신경 구멍에 물을 주입하여 척수 신경을 한 번에 제거할 수 있어, 거의 완벽하게 차단할 수 있다.
- 전통적인 지누키 방법은 혈관 속에 남아 있는 피까지 깨끗하게 제거하기 어렵지만, 쓰모토식은 전용 노즐로 동맥에 직접 물을 주입하여 거의 완벽에 가깝게 피를 제거할 수 있다. 결과적으로 생선의 품질과 위생에 큰 도움이 된다.

**❷ 단점**

- 일반적인 손질 방법보다 과정이 훨씬 더 많고 정성이 필요하다. 특히 물 주입 과정이 오래 걸려서, 한정된 시간 동안 많은 생선을 처리해야 하는 요리사 입장에서는 부담이 크다.
- 쓰모토식 손질 방법은 실패 가능성이 높다. 노즐 삽입 위치, 방향, 물의 양과 수압이 정확해야 하는데, 조건을 맞추지 못하면 신경이 완전히 제거되지 않거나 생선살이 물을 흡수할 수 있다. 이를 극복하려면 충분한 경험과 시행착오가 필요하며, 성공할 경우 기존 방법으로는 얻기 힘든 만족스러운 결과를 얻을 수 있다.

# 핵심 포인트

수년 동안 쓰모토식 손질 방법을 시행하며 얻은 경험에 따르면, 실패를 줄이고 안정적인 결과를 얻기 위해서는 다음의 핵심 포인트를 잘 지켜야 한다.

### ❶ 약한 수압과 짧은 시간

물을 주입할 때는 「쏜다」는 느낌보다는 「흘려보낸다」는 느낌으로 접근해야 한다. 수압은 약하게 유지하고, 주입하는 시간은 1~2초 정도로 짧게 한다. 피가 고여 있는 동맥에 물을 넣으면 피가 희석되어 쉽게 응고되지 않으므로, 오랜 시간 물을 주입할 필요가 없다.

### ❷ 노즐의 방향은 뇌를 향해

일직선으로 분사하는 것이 아니라, 생선의 뇌 방향을 향해 각도를 맞춰야 한다. 일직선으로 놓고 주입하면 신경관과 방향이 어긋나 물이 제대로 통과하지 못하기 때문에, 신경이 깔끔하게 제거되지 않는다.

### ❸ 노즐의 위치는 구멍 입구

노즐을 구멍 안으로 깊게 넣지 말고 입구에 대고 주입해야 한다. 노즐을 깊이 넣고 강한 수압으로 물을 주입하면, 신경이 꼬여서 오히려 제거하기 어려워질 수 있다.

# 오로시

오로시[卸ろし]는 일본어로 생선을 해체하는 과정을 의미한다. 이는 단순히 뼈와 살을 분리하는 작업을 넘어, 생선을 요리에 가장 적합한 상태로 다듬어내는 정교한 기술이다. 먹기 좋은 모양을 만들고, 나아가 최상의 맛과 식감을 끌어내기 위한 준비 과정이라 할 수 있다. 오로시에는 비늘을 제거하고, 내장을 꺼내고, 머리를 자르고, 뼈와 살을 분리하는 모든 과정이 포함된다.

오로시 방법은 생선의 크기와 모양에 따라 달라진다. 작은 생선은 등뼈를 따라 한쪽 살만 발라내는 「2장뜨기(니마이오로시)」를 주로 하고, 일반 생선은 양쪽 살과 가운데 뼈로 나누는 「3장뜨기(산마이오로시)」를 한다. 또한 납작한 생선, 예를 들어 광어나 가자미는 위아래 살을 각각 나누어 4장의 살과 1장의 뼈로 분리하는 「5장뜨기(고마이오로시)」를 한다.

이 과정에서 가장 중요한 것은 칼질의 정확성이다. 칼을 뼈와 살 사이에 정확히 넣어야 살 손실을 줄이고 단면을 매끄럽게 만들 수 있다. 또한 내장이나 혈합육이 제대로 제거되지 않으면 금세 비린내가 나고, 숙성 과정에서도 빠르게 부패한다.

오로시는 단순한 손질 기술이 아니라 생선 요리의 출발점이다. 정확하고 위생적인 오로시는 숙성을 안정적으로 이끌고, 회나 초밥처럼 섬세한 요리가 최고의 맛을 내는 기반이 된다. 따라서 오로시는 생선 요리의 품질을 좌우하는 기본이자 핵심 기술이라 할 수 있다.

# 역사적 배경

오로시 기술은 오랜 세월에 걸쳐 정교하게 발전해 왔다. 일본에서는 에도시대(1603~1868) 이전까지만 해도 생선을 주로 구이나 조림으로 조리했기 때문에, 오늘날과 같은 세밀한 손질 기술이 요구되지 않았다. 그러나 회 문화가 확산되면서 날생선을 안전하고 맛있게 즐기기 위해, 한층 더 정교한 손질 기술이 필요하게 되었다.

특히 에도 시대에 초밥, 즉 에도마에스시가 대중화되면서, 생선을 어떻게 해체하고 썰어 내는지가 곧 요리사의 실력을 가늠하는 중요한 기준이 되었다. 이 시기부터 「3장뜨기(산마이오로시)」와 같은 기본적인 오로시 방법이 정립되었으며, 다양한 어종의 뼈 구조와 특성을 고려한 오로시 방법들이 체계적으로 발전하기 시작하였다.

오늘날 오로시는 단순한 손질 기술을 넘어, 일식 요리의 기초이자 본질을 이루는 중요한 과정으로 자리잡았다. 정교한 오로시는 생선의 신선도를 유지하고 숙성 과정을 안정적으로 이끌며, 최종적으로 회와 초밥의 완성도를 결정짓는다. 오로시는 수백 년 동안 이어져 내려온 일식 조리 문화의 핵심 기술이다.

# 오로시 방법

오로시는 생선의 크기와 뼈 구조, 활용 목적에 맞는 방법을 선택해야 한다. 대표적인 오로시 방법으로 2장뜨기(니마이오로시), 3장뜨기(산마이오로시), 5장뜨기(고마이오로시), 평형뜨기(다이묘오로시)가 있다.

### ❶ 2장뜨기[二枚おろし]

2장뜨기는 비교적 작은 생선을 손질할 때 사용하는 방법으로, 머리와 내장을 제거한 뒤 등뼈를 따라 한쪽 살만 분리한다. 결과적으로 살 1장과 뼈가 붙은 살 1장, 총 2장이 남게 되며, 그래서 「2장뜨기」라고 부른다. 주로 전어, 정어리, 전갱이 등의 소형 어종을 손질할 때 사용한다.

### ❷ 3장뜨기[三枚おろし]

3장뜨기는 가장 기본적이고 보편적인 오로시 방법이다. 1마리의 생선을 3장으로 나누는 방법으로, 머리와 내장을 제거한 뒤 등뼈를 따라 양쪽 살을 발라내 뼈 1장과 살 2장으로 만든다. 단순하고 효율적인 방법으로 중소형 어종에 널리 활용된다.

### ❸ 5장뜨기[五枚おろし]

5장뜨기는 납작한 생선을 5장으로 나누는 오로시 방법이다. 위와 아래 양쪽에서 각각 2장의 살을 발라낸 뒤 뼈를 분리하면, 결과적으로 살 4장과 뼈 1장이 남는다. 광어나 가자미처럼 납작한 생선을 손질하는 데 적합하다.

### ❹ 평형자르기[大名おろし]

평형자르기는 생선을 크게 2조각으로 나누는 비교적 단순한 방법이다. 뼈에 살을 붙인 채과감하게 잘라내므로, 작업이 단순하고 빠르며 정밀한 칼질이 필요하지 않다. 주로 대형 생선이나 대량의 생선을 손질할 때 사용하며, 구이나 탕, 조림처럼 뼈째 사용하는 요리에 적합하다. 「다이묘오로시」라는 이름은 일본어로 영주를 의미하는 「다이묘」에서 유래된 것으로, 뼈에 살을 넉넉히 남기는 대담한 손질 방식에서 비롯되었다고 한다.

### ● 오로시 방법 비교

|  | 2장뜨기 | 3장뜨기 | 5장뜨기 | 평형자르기 |
|---|---|---|---|---|
| 나누는 방법 | 살 1장 + 뼈 1장 | 살 2장 + 뼈 1장 | 살 4장 + 뼈 1장 | 뼈에 살을 붙인 채로 크게 2조각 |
| 특징 | 작은 생선 손질에 적합 | 가장 기본적인 손질 방법 | 납작한 생선에 적합 | 빠른 속도와 단순한 과정 |
| 활용 | 정어리, 전갱이, 고등어 등 작은 생선을 이용한 요리 | 회, 초밥, 대부분의 요리 | 납작한 생선을 이용한 요리 | 구이, 조림, 탕 등 큰 생선을 이용한 요리 |
| 정밀도 | 낮음 | 중간 | 높음 | 낮음 |
| 속도 | 빠름 | 보통 | 느림 | 매우 빠름 |

**2장뜨기**
머리와 내장을 제거한 뒤 등뼈를 따라 한쪽 살만 분리하는 오로시 방법. 살 1장과 뼈가 붙어 있는 살 1장, 총 2장이 남는다.

**3장뜨기**
머리와 내장을 제거한 뒤, 등뼈를 따라 양쪽 살을 분리하는 가장 기본적인 오로시 방법. 뼈 1장과 살 2장이 남으며, 중소형 어종의 손질에 널리 사용된다.

**5장뜨기**
납작한 생선의 살을 위아래로 각각 2장씩 분리하는 오로시 방법. 살 4장과 뼈 1장이 남으며, 광어, 가자미 등과 같이 납작한 어종을 손질할 때 사용된다.

**평형자르기**
뼈에 살을 붙인 채 크게 2조각으로 나누는 오로시 방법. 속도와 효율성이 뛰어나 대형 생선이나 대량 손질 시 사용되며, 뼈째 사용하는 구이나 탕 등에 적합하다.

# 오로시와 숙성의 관계

생선을 다루는 사람이라면 누구나 오로시 과정에서 한 번쯤 고민하게 된다. 겉보기에는 단순히 뼈에서 살을 발라내는 작업처럼 보이지만, 실제로는 결코 간단하지 않기 때문이다. 오로시는 칼을 어떻게 다루느냐에 따라 결과가 달라지며, 단면을 얼마나 매끈하게 정리하는지에 따라 숙성의 속도와 품질이 좌우된다.

오로시 과정에서 칼질이 많아지고 단면이 거칠어지면 근섬유가 불필요하게 손상된다. 이렇게 생긴 미세한 상처는 효소 작용과 산화, 미생물 증식을 촉진시켜 숙성이 빠르게 진행된다. 그 결과 지방의 산패가 일어나고, 드립이 발생하며, 살도 빠르게 무르고 푸석해진다. 반대로 칼질을 최소화하고 단면을 매끈하게 정리하면, 조직 손상이 줄어들어 살 속 수분이 안정적으로 유지되고 숙성은 느리고 균일하게 진행된다. 그만큼 맛과 식감도 오래 유지된다.

결국 오로시는 단순한 손질 과정이 아니다. 칼끝이 만든 단면의 깔끔함이 곧 숙성의 품질을 결정한다. 정교하고 매끈한 오로시는 숙성을 천천히 그리고 안정적으로 이끌어내지만, 거칠고 상처가 많은 오로시는 숙성을 빠르고 불안정하게 몰아간다. 숙성의 성패는 이 순간에 이미 결정된다.

오로시는 단순한 기술이 아니라, 숙성의 출발점이자 핵심 과정이라 할 수 있다.

## 깔끔한 오로시가 중요한 이유

① **청결이 유지된다.**
 - 불필요한 손상이 적어 세균의 번식이 억제된다.

② **숙성이 안정된다.**
 - 단면이 매끄러우면 효소와 미생물, 산소와의 접촉 면적이 줄어들어, 숙성이 안정적으로 진행된다.

③ **맛과 식감이 좋아진다.**
 - 육즙이 덜 빠져나와 풍미가 유지되며, 매끄러운 단면은 「칼맛」이 살아 있어 식감이 한층 좋아진다.

● 깔끔한 오로시 vs 거친 오로시

|  | 깔끔한 오로시 | 거친 오로시 |
|---|---|---|
| 칼질 수 | 최소한의 칼질 | 불필요하게 많은 칼질 |
| 단면 | 매끈하고 깨끗함 | 거칠고 손상이 많음 |
| 숙성 속도 | 느리고 안정적 | 빠르고 불안정 |
| 수분 손실 | 적음 → 육즙 유지 | 많음 → 드립 증가 |
| 효소, 미생물 작용 | 완만하게 진행 | 급격히 촉진 |
| 맛과 식감 | 오래 유지, 매끈한 식감 | 빨리 변질, 과도한 연화 |
| 숙성 지속력 | 장기 보존 가능 | 단기적 |

# 오로시 이후의 생선 관리

광어를 잡아 껍질을 얇게 벗기고(스키비키) 곧바로 오로시까지 마친 뒤 냉장 보관하는 경우를 생각해보자. 이 과정을 숙성이라고 부르기도 하는데, 단순히 생선을 해체한 뒤 보관하는 것을 과연 숙성이라 할 수 있을까?

넓은 의미에서 보면 숙성 역시 시간이 흐르며 부패로 이어지는 과정의 일부라고 볼 수 있다. 그러나 진정한 의미의 숙성은 단순히 시간을 흘려보내는 것이 아니라, 그 변화의 속도와 방향을 조절하는 것이다.

생선은 오로시 작업을 하는 순간 조직이 노출되고, 연화와 산화가 빠르게 진행되며, 숙성 속도 또한 급격히 빨라진다. 이 시점부터는 외부 환경의 영향이 커지면서, 변화를 정밀하게 통제하기가 어려워진다.

따라서 숙성을 「생선의 상태를 시간과 조건에 따라 조절하는 과정」이라고 한다면, 오로시 이후의 시간은 적극적인 숙성이라기보다 부패를 지연시키기 위한 보관 단계에 가깝다.

● 숙성 vs 보관

|  | 숙성(Aging) | 보관(Storage) |
|---|---|---|
| 정의 | 시간과 조건(온도, 습도, 포장 등)을 조절하여 생선의 맛과 식감을 향상시키는 과정 | 부패를 늦추고 가능한 한 원래 상태를 유지하기 위한 과정 |
| 목적 | 감칠맛과 풍미를 끌어내고 최적의 식감 구현 | 부패와 변질을 억제하여 신선도 유지 |
| 변화 | ATP → IMP 전환, 단백질·지방 분해에 따른 감칠맛과 단맛 상승 | 화학적·효소적 변화 최소화, 품질 저하 억제 |
| 결과 | 숙성된 풍미와 부드러운 식감 | 원래의 신선함을 최대한 유지 |
| 대표적인 방법 | 온도·습도 제어, 소금, 시트지·진공 포장 등 | 냉장·냉동, 진공 포장, 항산화 포장 등 |

# 5

# 선어도 피를 빼야 할까?

선어(鮮魚)는 이미 죽은 생선을 의미하는데, 선어도 활어처럼 피를 빼야 할까? 결론부터 말하면, 선어는 활어처럼 피를 「뺄」 수는 없지만, 남아 있는 피는 반드시 「제거」해야 한다.

활어는 심장이 뛰는 동안 아가미나 꼬리를 절개하면 혈압에 의해 피가 자연스럽게 흘러나온다. 이 과정이 앞에서 설명한 「지누키(피빼기)」다. 이렇게 피를 뺀 활어는 살이 맑고 비린내가 적으며, 숙성도 안정적으로 진행된다.

반면 선어는 이미 심장이 멈춘 상태이므로 혈압이 사라지고, 피는 응고되어 근육과 혈관 속에 남는다. 따라서 활어처럼 피를 「빼는」 행위는 사실상 불가능하다. 그러므로 선어의 피빼기는 몸속에 남아 있는 피와 응고된 피를 씻어내고 정리하는 과정을 의미한다.

선어의 피는 생선의 맛과 품질에 큰 영향을 준다. 혈액 속 철 성분은 공기와 접촉하면 산화를 촉진하여 살 색깔이 점점 어두워지고, 지방이 산화하면서 특유의 쇠비린내가 발생한다. 피를 제대로 제거하지 않은 선어는 숙성 과정에서 살이 탁해지고 변색이 빠르게 진행되며, 감칠맛이 올라오기 전에 비린내가 먼저 느껴질 수 있다. 특히 혈합육 부위는 산화가 빨리 일어나 색이 검게 변하기 쉽다.

선어를 회나 숙성용으로 사용하려면, 피를 제대로 제거한 생선을 고르는 것이 가장 중요하다. 어획 단계에서 피가 잘 제거된(선상방혈) 생선은 살이 맑고 투명하며, 비린내가 거의 나지 않는다. 만약 피가 남아 있는 선어라면 복강을 열어 내장을 제거하고 3% 소금물(바닷물 농도)로 세척한 뒤, 혈관 주변에 남아 있는 피를 꼼꼼히 닦아낸다. 그런 다음 키친타월로 표면과 내장이 있던 부위의 수분을 제거하고, 랩이나 진공 포장으로 공기 접촉을 최소화하여 산화를 늦추는 것이 좋다.

또한 앞에서 설명한 쓰모토식 생선 손질 방법을 활용하면 선어의 동맥과 혈관에 물을 직접 주입할 수 있어, 일반적인 방법보다 훨씬 깨끗하고 효율적으로 피를 제거할 수 있다.

# 선어의 피를 제거하는 방법

선어를 회나 숙성용으로 사용할 때는 피를 제거하는 세척 과정을 거쳐야 한다. 이는 단순한 위생 절차가 아니라, 숙성의 품질을 결정짓는 핵심 단계이다. 핏속에는 헤모글로빈과 철분 등이 포함되어 있어 산화와 부패를 촉진한다. 따라서 선어의 피는 반드시 제거해야 한다.

### ❶ 오로시(해체)

복강을 열어 피가 고인 부위를 확인하고, 특히 혈관 주변, 등뼈 아래쪽, 아가미 근처에 남아 있는 핏덩어리를 꼼꼼히 제거한다. 이 부위는 사후에 혈액이 응고되어 남기 쉬운 곳으로, 그대로 두면 숙성 중 악취와 변색이 발생할 수 있다.

### ❷ 세척

선어를 세척할 때는 약 3% 농도의 소금물을 사용하는 것이 좋다. 이 농도는 근육 세포 내부 염도(약 0.9%)보다 조금 높아서, 짧은 시간 세척 시 삼투압으로 인한 조직 손상을 최소화하면서 남아 있는 피를 제거할 수 있다. 또한 염분이 미생물 성장을 억제하여 위생 유지에도 도움이 된다. 반대로 담수로 세척하면 근육 세포 안으로 과도하게 수분이 유입되어, 세포가 팽창하고 조직이 느슨해져 살이 물러질 수 있다.

### ❸ 수분 제거와 건조

세척한 뒤에는 키친타월을 이용하여 생선 표면의 수분을 제거한다. 그런 다음 냉풍으로 말리거나 0~2℃에서 표면을 살짝 말려 산화와 세균 번식을 억제한다.

이러한 과정을 올바르게 수행하면 선어의 혈액 성분으로 인한 변색과 비린내를 효과적으로 막을 수 있으며, 숙성 중에도 살의 색과 향, 감칠맛을 안정적으로 유지할 수 있다.

# 좋은 선어를 고르는 방법

실무 현장에서 좋은 선어를 판별하기 위해서는, 생선의 겉모습, 냄새, 살의 상태를 종합적으로 관찰해야 한다. 특히 눈, 아가미, 점액, 살의 탄력, 냄새는 신선도와 숙성 가능성을 판단하는 핵심 지표다.

먼저 눈은 맑고 투명해야 한다. 흐리거나 탁하면 산화와 변성이 진행되고 있다는 신호다. 아가미는 선홍색을 띠고 비린내가 없어야 하며, 검붉게 변색되거나 불쾌한 냄새가 나면 피가 산화되어 신선도가 떨어진 상태다. 피는 거의 보이지 않거나 맑은 붉은색을 띠는 것이 좋다. 검게 변하거나 끈적한 점액이 섞여 있다면 부패가 시작된 것으로 판단한다.

또한 살결은 윤기가 있고 손으로 눌렀을 때 탄력이 있어야 한다. 눌린 자국이 쉽게 복원되지 않으면 단백질 변성이 진행된 것으로, 숙성에 적합하지 않다. 냄새는 바다향에 가까운 깨끗한 냄새가 이상적이며, 비린내나 암모니아 냄새가 느껴지면 이미 부패가 시작된 것으로 봐야 한다.

다시 말해 좋은 선어는 눈이 맑고, 아가미가 선홍색이며, 살에 탄력이 있고, 냄새가 깨끗해야 한다. 이러한 선어만이 숙성 과정에서 감칠맛을 안정적으로 끌어올릴 수 있는 최적의 재료가 된다.

# 생선의 혈액 성분과 사후 변화

생선의 혈액에는 헤모글로빈, 철분, 그리고 다양한 단백질이 포함되어 있다. 살아 있을 때는 이러한 성분들이 산소 운반과 대사에 필수적인 역할을 하지만, 죽은 뒤에는 오히려 부패와 산패를 촉진하는 요인이 된다.

### ❶ 헤모글로빈(Hemoglobin)

아가미를 통해 흡수한 산소를 몸 전체로 운반하는 단백질. 사후에는 산소와 접촉하며 산화되어 헤마틴(Hematin)으로 변한다. 이때 생선살은 검붉게 변색되며, 피가 남은 선어에서 흔히 관찰되는 변색은 바로 헤모글로빈의 산화 때문이다.

**❷ 철분($Fe^{2+}$)**

산소와 반응하여 지질 산화(산패)를 촉진하며, 비린내와 금속성 냄새를 유발한다. 숙성 중 냄새 변화나 지방 산패가 일어나는 것도 철분의 산화 촉매 작용과 깊은 관련이 있다.

**❸ 기타 단백질**

알부민, 글로불린 등의 단백질은 산소 운반, 면역 반응, 효소 작용 등을 수행한다. 사후에는 이러한 단백질이 분해되면서 트리메틸아민(TMA), 암모니아($NH_3$) 등 휘발성 아민류를 생성하여 강한 비린내와 부패취를 유발한다. 피가 충분히 제거되지 않은 생선에서 불쾌한 냄새가 나는 근본 원인이다.

## 생 선 손 질 도 구

쓰모토식 생선 손질 방법에 사용하는 노즐

이케지메용 송곳

신케지메용 철사

비늘제거기

내장 세척용 솔

가시 제거용 핀셋

생선 손질과 요리에 필요한 여러 가지 칼

## 생선의 냉동과 해동

# ◇◇◇◇ 냉동 ◇◇◇◇

생선을 냉동할 때는 가능한 한 짧은 시간 안에 급속 냉동하는 것이, 신선도 유지, 맛 보존, 식품 안전성 측면에서 모두 유리하다.

천천히 냉동하면 근육 속 수분이 큰 얼음 결정을 형성하고, 이 과정에서 세포가 손상된다. 세포가 손상되면 해동할 때 드립(육즙)이 많이 빠져나와 살이 푸석해지고 식감이 저하된다. 또한 감칠맛 성분인 IMP(이노신산)가 분해되어 INO(이노신)로 전환되는 속도가 빨라져서, 결과적으로 품질 저하가 촉진된다.

반대로 급속 냉동을 하면 근육 속 수분이 작고 균일한 얼음 결정을 형성하여 세포 손상이 최소화되고, 해동할 때 드립 손실이 줄어 조직과 풍미가 보다 안정적으로 유지된다. 또한 낮은 온도에서 빠르게 동결되기 때문에 미생물 증식도 효과적으로 억제된다.

즉, 급속 냉동은 생선의 조직과 풍미를 보존하면서, 품질과 안전성을 동시에 확보할 수 있는 가장 효과적인 방법이다.

## 냉동 속도에 따른 품질 변화

① **느린 냉동 → 품질 저하**
  - 얼음 결정이 크게 형성되어 세포가 손상된다
  - 해동 시 드립 발생이 많아 살이 푸석해지고 식감이 떨어진다.

② **급속 냉동 → 품질 유지**
  - 얼음 결정이 작고 균일하게 형성되어 세포 손상이 최소화된다.
  - 해동 시 드립 발생이 적어 탄력 있는 식감과 풍미가 유지된다.

# 냉동 온도 기준

대부분의 세균과 곰팡이는 -10℃ 정도에서도 어느 정도 생존은 가능하다. 그러나 -18℃ 이하에서는 미생물의 증식이 사실상 억제된다. 이 온도에서는 장기간 보관하더라도 식중독균이나 부패를 일으키는 미생물이 증식하기 어렵다.

또한 생선은 죽은 뒤에도 자가 분해 효소가 작용하여 맛과 품질이 서서히 저하되는데, 이러한 작용은 영하의 온도에서도 완전히 멈추지 않는다. 그러나 -18℃ 이하에서는 활동이 거의 정지되어, 단백질 분해나 지방 산화와 같은 변질 속도를 현저히 늦출 수 있다.

온도에 따른 수분 상태 역시 품질에 중요한 영향을 준다. -10℃에서는 근육 속 수분의 일부만 얼고 나머지는 액체로 남아 조직이 불안정해지며, 세포 손상이 발생하기 쉽다. 그 결과 해동할 때 드립이 많이 발생한다. 반면 -18℃ 이하에서는 대부분의 수분이 얼어 비교적 안정된 상태가 유지되며, 세포 손상을 상대적으로 줄일 수 있다.

이러한 이유로 Codex(국제식품규격위원회), 미국 FDA, EU, 한국 식품의약품안전처 등에서는 -18℃ 이하를 냉동 보관의 기준으로 제시하고 있다. 즉, 생선을 안전하고 안정적인 품질로 보관하기 위해서는 -18℃ 이하에서 냉동하는 것이 기본 조건이다.

# 냉동 온도에 따른 품질 변화

생선은 보관 온도에 따라 품질 유지 수준이 크게 달라지며, 특히 지방 함량이 높은 어종일수록 온도의 영향을 크게 받는다. 앞에서 냉동 보관의 기준 온도가 -18℃라고 했는데, 여기서는 냉동 온도에 따라 생선의 품질이 어떻게 달라지는지 살펴보자.

### ❶ -18℃

1~2개월 정도까지는 비교적 안정적인 품질을 유지할 수 있으나, 그 뒤에는 드립 증가와 조직 손상, 지방 산화로 품질 저하가 나타난다. 가정용 냉동고의 기본 온도.

### ❷ - 40℃

드립과 지방 산화가 크게 줄어, 수개월 이상 보관해도 품질을 비교적 안정적으로 유지할 수 있다. 업장이나 전문 수산업체에서 사용하는 온도.

### ❸ - 60℃

초저온 보관 구간으로, 산화와 변질 속도가 크게 억제된다. 장기간 보관 시에도 품질 변화가 적어, 참치 등 고급 어종의 냉동에 활용된다.

즉, -18℃는 단기 보관, -40℃는 장기 보관, -60℃는 고품질 유지를 위한 초저온 보관으로 정리할 수 있다.

## 냉동 참치는 왜 -60℃에서 보관할까?

참치는 지방 함량이 높은 어종이며, 특히 참다랑어는 불포화지방산이 풍부하다. 이러한 지방은 -18℃에서도 시간이 지나면서 서서히 산화되어 색, 맛, 향이 변질될 수 있다. 반면 -60℃ 이하에서는 산화 속도가 억제되어 비린내 발생과 품질 저하를 효과적으로 늦출 수 있다.

또한 참치 특유의 붉은색은 미오글로빈이라는 색소 단백질에 의해 나타난다. -18℃에서는 저장 기간이 길어질수록 미오글로빈이 산화되어 갈변이 진행되지만, -60℃ 이하에서는 이러한 변화가 억제되어 선명한 붉은색을 비교적 오래 유지할 수 있다. 실제로 –18℃에서는 수 주만 지나도 색과 풍미의 변화가 나타나는 반면, –60℃에서는 장기간 보관해도 품질 저하가 상대적으로 적다.

이러한 이유로 쓰키치나 도요스 등 일본의 참치 유통 시장이나 일식당에서는 –60℃ 수준의 초저온 냉동고를 사용한다.

결국, –18℃가 식품 안전을 위한 기본 조건이라면, –60℃는 참치의 품질을 높게 유지하기 위한 최적의 조건이라 할 수 있다.

# 참치 냉동고

참치 냉동고는 이름과 달리 「냉동을 위한 장비」가 아니라, 「이미 냉동된 제품을 보관하기 위한 장비」다. 이 장비의 목적은 생선을 새로 냉동하는 것이 아니라, –60℃ 같은 초저온 상태에서 장기간 품질을 안정적으로 유지하는 데 있다.

물론 생선을 참치 냉동고에 넣고 얼리는 것은 가능하다. 그러나 이 방식은 기계에 부담을 주고, 냉동 효율도 떨어질 수 있다. 따라서 생선을 처음 냉동할 때는 반드시 급속 동결기 같은 냉동 전용 장비를 사용해야 한다. 급속 동결기는 단시간에 강력한 냉기를 가해 세포 손상을 최소화하면서 얼릴 수 있기 때문에, 품질 유지에 효과적이다.

참치 냉동고는 보관용이고, 냉동할 때는 급속 동결기를 사용하는 것이 올바른 사용법이다.

# ◇◇◇◇ 해동 ◇◇◇◇

생선을 해동할 때는 냉동과 반대로 천천히 진행하는 것이 좋다. 냉동 생선은 겉과 속이 모두 얼어 있는 상태이므로, 급하게 해동하면 겉과 속의 온도 차이로 인해 해동 속도가 달라져서 얼음 결정이 균일하게 녹지 못하고, 이 과정에서 세포 속 수용성 성분인 미오글로빈, 아미노산, IMP 등이 드립 형태로 빠져나온다. 드립이 많아질수록 생선의 맛과 영양 성분은 크게 감소한다.

따라서 해동은 반드시 저온 환경에서 서서히 진행하는 것이 중요하다. 얼음이 균일하게 녹을수록 세포 손상이 줄고 드립 발생도 최소화된다.

빠른 냉동과 느린 해동은 생선의 세포 손상을 줄이고 맛과 품질을 유지하는 가장 기본적인 원칙이다.

## 해동 과정에서 일어나는 변화

해동은 단순히 얼음이 녹는 과정이 아니라, 냉동 상태에서 억제되어 있던 다양한 변화가 다시 진행되는 단계다. 이 과정에서 세포 손상, 드립 발생, 산화, 미생물 증식 등이 일어나며, 그 정도에 따라 품질이 크게 달라진다.

### ❶ 세포 손상

냉동 중 형성된 얼음 결정이 녹으면서 세포막이 손상되고, 세포 내 수분이 외부로 유출된다. 이로 인해 육질이 건조해지고 식감이 저하된다.

### ❷ 단백질 변성과 수분 보유력 감소

해동 과정에서 단백질이 원래의 구조로 완전히 회복되지 않아 수분 보유력이 감소한다. 그 결과 드립이 증가하고 맛 성분이 손실된다.

### ❸ 지방 산화 촉진

해동 과정에서 산소와의 접촉이 증가하여 불포화지방산의 산화가 빨라진다. 산화가 진행되면 산패가 일어나고 비린내가 발생할 수 있다.

### ❹ 미생물 증식

냉동 상태에서는 미생물의 증식이 억제되지만, 해동이 시작되면 표면 온도가 먼저 올라가면서 증식이 시작된다. 특히 5℃ 이상에서는 증식 속도가 급격히 증가하므로, 냉장 해동(4℃ 이하)이 안전하다.

# 3

# ◇◇◇◇ 어종별 냉동·해동 관리 ◇◇◇◇

생선의 냉동과 해동은 기본 원리는 같지만, 그 결과는 어종에 따라 크게 달라진다. 근육 구조와 수분, 지방의 차이에 따라 냉동·해동에 대한 반응이 다르기 때문이다. 따라서 어종별 특성에 맞는 방법을 선택하는 것이 무엇보다 중요하다. 여기서는 주요 어종을 중심으로 냉동·해동 관리 방법을 정리하였다.

## 고등어

참치는 일반적으로 냉동 상태로 유통되지만, 고등어는 신선한 상태로 유통되는 경우가 많다. 일부 수입 고등어처럼 냉동으로 유통되는 경우도 있지만, 고등어는 부패 속도가 빠르고 냉동 후 품질 유지가 까다로워 신선한 상태로 유통되는 비중이 높은 편이다. 이러한 차이에는 여러 가지 이유가 있지만, 특히 어체의 크기와 부패 속도에서 비롯된다.

어체가 큰 생선은 사후경직이 오래 지속되어 냉동을 통한 장기 보관에 유리하다. 예를 들어 고래는 사후경직이 한 달 정도 지속되는 것으로 알려져 있으며, 참치 역시 어체가 커서 사후경직이 비교적 오래 지속된다. 이 때문에 잡은 직후 초저온에서 급속 냉동하면 부패를 효과적으로 늦추어 장기 보관이 가능하다.

반면 고등어는 상황이 다르다. 고등어 역시 지방이 많은 붉은살생선이지만, 어체가 작아 사후경직이 빠르게 진행되고, 회유성 어종으로 활동량이 많아 부패 속도가 매우 빠르다.

그 결과 냉동을 하더라도 품질을 유지하기 어렵고, 해동하면 육질이 물러지거나 갈라질 수 있다.

그럼에도 불구하고 고등어를 참치와 같이 적절한 조건에서 급속 냉동한다면, 비교적 안정적으로 품질을 유지할 수 있다. 지방이 충분하고 크기가 크며 살이 단단한 개체를 선택한 뒤, 어획 직후 가능한 한 빠르게 급속 동결하고, 이후 2~3℃ 정도의 저온 환경에서 천천히 해동하면 품질 저하를 최소화할 수 있다.

이러한 조건이 지켜지지 않으면 세포 손상이 커지고 해동 과정에서 드립이 증가해, 육질이 물러지거나 갈라지기 쉽다. 특히 급속 해동은 조직 손상을 더욱 크게 만들 수 있다.

고등어는 참치나 연어에 비해 냉동과 해동 관리가 까다로운 어종이다. 그러나 적절한 조건을 갖춘다면, 냉동 후에도 안정된 품질의 고등어를 사용할 수 있다.

# 새우

새우 역시 하나의 생물체이므로, 죽은 뒤에는 사후경직이 일어난다. 살아 있는 상태에서는 단단하고 탄력 있는 식감이지만, 죽고나서 사후경직이 끝나면 살이 풀어지며 부드럽고 녹진한 식감으로 변한다.

그렇다면 새우는 어떻게 냉동 또는 해동해야 할까? 냉동의 경우 생선과 마찬가지로 급속 냉동을 해야 신선도를 유지할 수 있다. 그러나 해동은 생선과 다르다. 새우를 생선을 해동할 때처럼 천천히 해동하면 표면부터 녹기 시작하면서, 중심부가 해동될 때쯤 머리와 내장의 색이 변하고 표면이 마르거나 부패가 진행될 위험이 있다.

따라서 새우는 짧은 시간 안에 빠르게 해동하는 것이 중요하다. 흐르는 물에 새우를 담가 해동하는 유수해동은, 온도를 빠르고 균일하게 전달할 수 있어 품질 유지에 효과적이다. 다만 물에 오래 담가두면 드립 손실과 조직 이완이 발생할 수 있으므로, 해동 시간은 짧게 조절해야 한다.

## 유 수 해 동

유수해동은 냉동식품을 흐르는 물에 담가 해동하는 방법으로, 물의 높은 열전도율로 인해 공기 중 해동보다 빠르고 균일하게 해동된다. 또한 진공 포장 상태에서 해동하면 품질 손실을 줄일 수 있다.

① **장점**
- 균일한 해동: 전체가 고르게 해동된다.
- 빠른 해동: 냉장 해동보다 빠르게 해동할 수 있다
- 품질 유지: 수분과 수용성 성분의 손실을 줄일 수 있다.

② **단점**
- 포장 손상: 포장이 손상되면 물과 접촉하여 품질이 저하될 수 있다.
- 세균 증식: 흐르는 물이 아니면 세균 증식 위험이 있다.
- 식감 저하: 지나치게 오래 담가두면 조직이 이완되어 식감이 떨어질 수 있다.

③ **방법**
- 물 온도: 약 5℃의 차가운 물을 사용한다.
- 해동 시간: 짧은 시간 내에 완료한다.
- 포장 상태: 진공 포장 상태를 유지한다.

# 연어

연어는 지방 함량이 높아 산화가 비교적 빠르게 진행되는 어종이다. 따라서 냉동 보관할 때는 반드시 급속 냉동을 하는 것이 중요하다. 급속 냉동을 하면 근육 속 수분이 미세한 얼음 결정으로 얼어 세포 손상을 줄일 수 있으며, 해동 과정에서도 드립 손실을 최소화할 수 있다.

보관 온도는 -18℃ 이하에서도 가능하지만, 신선도와 풍미를 오래 유지하기 위해서는 -40℃ 이하에서 보관하는 것이 좋다. 특히 장기간 보관하거나 고급 요리에 사용할 경우에는, -60℃ 수준의 초저온 냉동을 하면 품질 변화를 더욱 효과적으로 억제할 수 있다.

냉동 연어를 사용할 때는 상온이 아닌 냉장 해동을 기본으로 한다. 약 4℃ 이하에서 천천히 해동하면 육즙과 수분 손실을 줄일 수 있다. 빠른 해동이 필요한 경우에는 약 3% 소금물에 잠시 담가 해동하는 방법도 활용할 수 있는데, 표면 변색과 산화 속도를 완화하는 데 도움이 된다.

## 연어 냉동 방법

❶ 연어의 머리와 꼬리를 제거하고 내장이 있던 부위를 물로 깨끗하게 씻는다.

❷ 키친타월로 수분을 닦은 뒤 3장뜨기하고 배뼈를 제거한다.

❸ 가시 제거용 핀셋으로 잔가시를 모두 제거하고, 적당한 크기로 나눈다.

❹ 소금을 뿌린 뒤 20분 정도 두어서 수분을 빼내고 산화를 억제한다.

❺ 물로 깨끗하게 씻고 물기를 충분히 닦는다.

❻ 숙성용 페이퍼로 감싸고 그린 파치로 1번 더 감싼 뒤, 블록 단위로 진공 포장한다.

❼ 급속 냉동한다.

## 연어의 냉동 방법-다시마 활용

연어는 지방이 많고 육질이 부드러워 냉동과 해동 과정에서 조직이 쉽게 손상될 수 있다. 이러한 단점을 보완하기 위해 다시마를 활용할 수 있다. 기본 냉동 과정은 동일하며, 포장 단계에서 다시마를 사용하는 것이 핵심이다. 블록으로 나눈 연어를 다시마로 감싼 뒤 랩으로 싸서 급속 냉동한다.

이 방법은 해동 과정에서 다시마가 연어의 표면을 보호하여 조직이 갈라지는 것을 막아주고, 염분과 점액질이 식감을 안정시키며, 은은한 감칠맛을 더해준다.

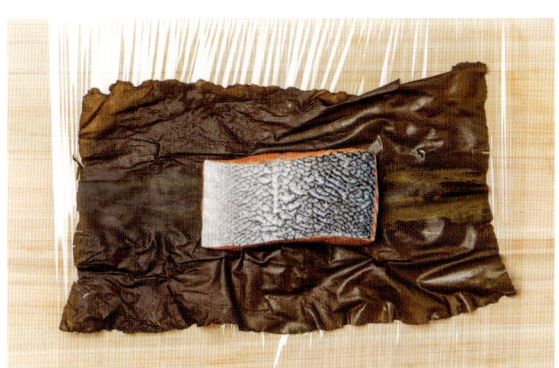

# 참치

참치는 크게 냉동 참치와 생참치로 나눌 수 있다.

냉동 참치는 1년 내내 안정적으로 유통된다는 장점이 있지만, 생참치 특유의 신선한 맛을 그대로 재현하기는 어렵다. 반면 생참치는 제철에 국내에서 어획되거나 멕시코·스페인 등지에서 냉장 상태로 수입되어 판매되며, 보다 신선한 맛을 즐길 수 있지만 유통 기간이 제한적이다.

참치는 크기가 워낙 크기 때문에 일반적으로 블록 형태로 잘라서 보관하고 사용한다. 냉동 참치는 –60℃ 전용 냉동고에서, 생참치는 냉장고에서 블록 상태로 보관하며, 필요할 때 해동과 숙성을 진행한다.

해동은 자연 상태에서도 가능하지만, 보다 위생적이고 효율적인 방법은 35℃ 정도의 따뜻한 소금물(3% 농도)을 사용하는 것이다. 소금물 해동은 다음과 같은 장점이 있다.

### ❶ 빠른 해동

공기 중에서 오래 해동하면 표면의 산화와 변색이 진행되기 쉽다. 반면 따뜻한 소금물을 이용하면 짧은 시간 안에 균일하게 해동할 수 있다.

### ❷ 품질 유지

소금물의 삼투작용으로 표면의 과도한 수분이 정리되면서 조직이 안정된다.

### ❸ 작업 효율성

해동 시간을 단축할 수 있어 작업 흐름을 안정적으로 유지할 수 있다.

다만, 주의할 점도 있다. 물 온도가 40℃를 넘으면 표면 단백질이 변성되어 살이 익을 수 있다. 따라서 35℃ 전후가 가장 적합한 온도이다. 또한 소금물 해동은 자연 해동보다 숙성이 더 빨라지므로, 사용할 수 있는 시간이 줄어든다는 점을 반드시 고려해야 한다.

## 냉동 참치 해동 방법

**❶** 냉동 참치를 준비한다.

**❷** 차가운 얼음물로 참치의 표면을 살짝 씻어서 이물질을 제거한 뒤, 약 35℃의 3% 소금물에 2분 이내로 담가둔다.

**❸** 키친타월로 표면의 수분을 2~3번에 걸쳐 충분히 닦은 뒤, 사진과 같이 망 위에 올려 간냉식 냉장고에 넣고 나머지 해동을 진행한다. 이렇게 하면 표면의 수분이 빠르게 정리되어 산화와 부패 진행을 늦출 수 있으며, 보다 안정적인 상태로 숙성을 이어갈 수 있다.

● 자연 해동 vs 소금물 해동

| | 냉장고 자연 해동(2~3℃) | 소금물 해동(35℃, 3%) |
|---|---|---|
| 방법 | 간냉식 냉장고에서 천천히 해동 | 약 35℃의 3% 소금물에 2분 정도 담가서 해동 |
| 해동 속도 | 느림 | 빠름 |
| 산화/변색 | 노출 시간이 길어 진행되기 쉬움 | 노출 시간이 짧아 억제됨 |
| 위생 | 노출 시간이 길어 상대적으로 불리 | 노출 시간이 짧아 상대적으로 유리 |
| 식감 | 드립 관리에 따라 식감 저하 가능 | 수분이 정리되어 식감 안정 |
| 숙성 속도 | 느림 (사용 시간 길다) | 빠름 (사용 시간 짧다) |

# 냉동 참치의 발색 관리

현장에서 사용하는 참치는 주로 참다랑어, 눈다랑어, 황새치 등이며, 대부분 초저온에서 급속 냉동된 블록 형태로 유통된다. 급냉 제품은 보관과 취급이 쉽지만, 사용 초기에는 살색이 균일하지 않은 경우가 많다. 특히 오토로나 아카미의 색이 울긋불긋하게 보이는 것은, 발색이 충분히 이루어지지 않은 상태이기 때문이다. 냉동 참치를 해동했을 때 색이 흐리고 탁하게 보이는 이유도 이와 같다. 반대로 발색이 잘 된 참치는 전체적으로 균일한 선홍빛을 띠어 시각적 품질이 크게 향상된다.

냉동 참치는 급속 냉동 과정에서 미오글로빈이 산소와 결합하지 않은 상태(디옥시미오글로빈)로 존재한다. 따라서 해동 전 단계에서 산소와 접촉하게 하면, 선홍색의 옥시미오글로빈이 형성되어 자연스러운 색을 회복할 수 있다. 색을 인위적으로 만드는 것이 아니라, 본래의 색을 회복시키는 과정이다. 다음은 현장에서 적용할 수 있는 발색 관리 방법이다.

## ❶ 공기 접촉

냉동 상태에서 비닐을 개봉하여 공기가 닿게 한다. 밀폐된 상태에서는 발색이 거의 진행되지 않는다.

## ❷ 초저온 보관

–60℃에서 공기에 노출된 상태로 5일 정도 보관한다. 이 과정에서 발색이 서서히 진행된다.

### ❸ 개별 포장

발색이 완료되면 블록 단위로 랩으로 싸거나, 진공 포장하여 추가 산소 접촉을 차단한다.

### ❹ 과도한 노출 방지

공기에 장시간 노출되면 표면 건조와 산화가 진행되어 품질이 저하될 수 있으므로, 발색 이후에는 즉시 밀폐하여 보관하는 것이 좋다.

이렇게 관리한 참치는 −60℃ 기준으로 약 3개월 이내에 사용하는 것이 안전하다. 다만 3개월은 권장 사항이며 포장 상태, 개봉 빈도, 저장 환경에 따라 차이가 발생할 수 있다.

## 숙성, 함께 이어갈 이야기

생선 숙성에는 정답이 없다. 같은 방식으로 시도해도 날마다, 생선마다 결과는 달라진다. 어떤 날은 기대 이상으로 훌륭한 맛이 나고, 또 어떤 날은 아쉬움이 남기도 한다. 그러나 바로 이러한 불확실성이 숙성의 가장 큰 매력이다.

자연 속 모든 생물은 특별하다. 생선도 그렇다. 그래서 같은 환경과 조건에서도 숙성의 결과는 늘 다르게 나타난다. 숙성은 결국 내가 다루는 생선을 더 깊이 이해하려는 마음에서 출발한다. 수학 공식처럼 하나의 정답을 낼 수 없는 과정이기에 복잡하고 어렵지만, 그 안에서 끊임없이 새로움과 즐거움을 발견하게 된다.

숙성을 공부하며 깨달은 점이 있다. 과학은 많은 것을 설명하고 증명해주지만, 여전히 자연의 모든 현상을 완벽히 담아내지는 못한다는 사실이다. 숙성은 과학이지만, 그 과정을 완전히 통제할 수는 없으며, 마지막 한 점은 늘 자연이 만들어낸다.

그래서 나는 경험을 믿는다. 실패와 성공을 반복하며 쌓은 경험만이 결국 더 나은 숙성을 가능하게 한다. 이 책은 그런 나의 경험을 담은 작은 기록이다. 정답을 주기 위한 책이 아니라, 독자들이 각자의 힘으로 자신만의 숙성의 길을 찾아가길 바라는 마음으로 썼다.

부디 이 책이 독자들에게 생선 숙성의 세계에 흥미를 불러일으키는 작은 불씨가 되기를 바란다. 숙성에는 정답이 없다. 그러나 배우고 탐구하며 자신만의 답을 찾아가는 과정, 그 길 자체가 곧 숙성의 또 다른 맛이 될 것이다.

2026년 봄
김상돈

**글쓴이 김상돈**

서울 영등포구 문래동에서 숙성회 전문점 〈목화원〉을 운영하는 오너 셰프. 2023년부터 오프라인 생선 숙성 클래스를 열어 현장 경험을 바탕으로 생선 숙성 방법 교육을 이어가고 있으며, 인스타그램에서는 「사요리남(사표 내고 요리하는 남자)」이라는 이름으로 생선 손질과 숙성 방법을 꾸준히 공유하고 있다. 「생선의 맛은 시간이 완성한다」라는 철학 아래, 생화학과 수산 과학 자료를 토대로 숙성회의 과학적 원리를 탐구하고 이를 널리 알리는 데 힘쓰고 있다.

https://www.instagram.com/sayorinam/
https://blog.naver.com/gatobrown

시간이 완성하는 맛, 숙성회의 모든 것

# 생선 숙성의 기술

**펴낸이** 유재영 　|　**편집** 박선희

**펴낸곳** 그린쿡 　|　**디자인** 임수미

**글쓴이** 김상돈

**사진** 김세호, 조은기

**요리 사진 도움** 김석훈

**1 판 1 쇄** 2026 년 4 월 20 일

**1 판 2 쇄** 2026 년 5 월 20 일

**출판등록** 1987 년 11 월 27 일 제 10-149

**주소** 04083 서울 마포구 토정로 53 (합정동)

**전화** 324-6130, 6131 **팩스** 324-6135

**E 메일** dhsbook@hanmail.net

**홈페이지** www.donghaksa.co.kr · www.green-home.co.kr

**페이스북** www.facebook.com / greenhomecook

**인스타그램** www.instagram.com/__greencook/

ISBN 978-89-7190-930-0 13590

• 잘못된 책은 구매처에서 교환하시고, 출판사 교환이 필요할 경우에는 사유를 적어 도서와 함께 위의 주소로 보내주세요.

**GREENCOOK**은 최신 트렌드의 요리, 디저트, 브레드는 물론 세계 각국의 정통 요리를 소개합니다. 국내 저자의 특색 있는 레시피, 세계 유명 셰프의 쿡북, 전 세계의 요리 테크닉 전문서적을 출간합니다. 요리를 좋아하고, 요리를 공부하는 사람들이 늘 곁에 두고 활용하면서 실력을 키울 수 있는 제대로 된 요리책을 만들기 위해 고민하고 노력하고 있습니다.